"十一五"国家重点图书出版规划项目

养殖技术新概念丛书

猪养殖新概念

张兆琴　霍文颖　主编

中国农业大学出版社

·北京·

图书在版编目(CIP)数据

猪养殖新概念/张兆琴,霍文颖主编．—北京:中国农业大学出版社,2010.12

(养殖技术新概念丛书)

ISBN 978-7-5655-0133-3

Ⅰ.①猪… Ⅱ.①张… ②霍… Ⅲ.①养猪学 Ⅳ.①S828

中国版本图书馆 CIP 数据核字(2010)第 215787 号

书　　名　猪养殖新概念

作　　者　张兆琴　霍文颖　主编

策划编辑　魏秀云　　**责任编辑**　韩元凤

封面设计　郑　川　　**责任校对**　王晓凤　陈　莹

出版发行　中国农业大学出版社

社　　址　北京市海淀区圆明园西路2号　　**邮政编码**　100193

电　　话　发行部 010-62731190,2620　　读者服务部 010-62732336

编辑部 010-62732617,2618　　出　版　部 010-62733440

网　　址　http://www.cau.edu.cn/caup　　**e-mail**　cbsszs@cau.edu.cn

经　　销　新华书店

印　　刷　北京时代华都印刷有限公司

版　　次　2011年1月第2版　　2012年3月第3次印刷

规　　格　850×1 168　32开本　6.875印张　170千字

印　　数　6 001～9 000

定　　价　16.00元

编 写 人 员

主　编　张兆琴　霍文颖

副主编　岳春旺　杨国忠

编　者　岳春旺　孙茂红　张兆琴　任永霞
耿光瑞　刘玉涛　唐春梅　霍文颖
姬向波

主　审　刘太宇

前　言

本书为“十一五”国家重点出版规划图书项目养殖技术新概念丛书之一，共分 5 章，内容包括猪品种良种化、猪营养供给适宜化、猪养殖设施化、猪饲养管理规范化、猪场防疫制度化。该书以养猪生产过程的技术环节为主线，对猪场建设、猪不同阶段营养需求特点及饲料类型的选择、种猪选择及饲养管理、仔猪养育、肥育猪的饲养管理以及猪疫病防控等方面的关键技能进行了阐述，章前设有本章知识新亮点，章后设有本章重点提示。在编写过程中，我们力图从我国目前养猪生产规模化程度低、分散养殖形式所占比重较大、养殖条件相对落后的实际出发，在保持必要的科学性和系统性的基础上，以猪生产标准化和食品安全生产为导向，以猪饲养新概念为重点，突出关键技术的实用性、科学性和先进性。

本书编排内容和形式灵活，尽可能做到图文并茂，可供畜牧兽医类专业学生课外参考使用，也可作为基层生产技术人员的培训教材或参考书。

本书在编写过程中参阅了国内外前辈及同仁的有关文献和专著，并引用了其中的一些资料，对这些文献和专著的作者表示由衷的感谢。

由于我们的水平所限，编写时间仓促，书中内容取舍、文字表述等方面有不妥之处，恳请读者批评指正。

在本书编写过程中刘太宇教授审阅了全稿，并提出了多处修改意见，特致谢意。

编　者

2010 年 10 月

目　录

第一章　猪品种良种化

本章知识新亮点:PIC 配套系

PIC 配套系是以长白、大约克、杜洛克、皮特兰四大瘦肉型猪为基础,导入包括中国太湖猪在内的其他一些著名品种血统培育而成。具有生长速度快,产仔多,成活率高,瘦肉率高,肉质细嫩,免疫力强,对环境适应性较好等优点,是猪养殖的新亮点。

一、我国地方优良品种

(一)宁乡猪

宁乡猪产于湖南宁乡县,是湖南省四大名猪种之一。宁乡猪具有早熟,边长边肥,蓄积脂肪能力强,生长发育快,耐粗饲,皮薄骨细肉嫩,肉的品质好,脂肪多等优点。

1. 体型外貌　宁乡猪体型中等,头中等大小,额部有形状和深浅不一的横行皱纹,耳较小、下垂,颈粗短,有垂肉,背腰宽,背线多凹陷,肋骨拱曲,腹大下垂,四肢粗短,大腿欠丰满,多卧系,撒蹄,群众称"猴子脚板",被毛为黑白花。按头型分 3 种类型:狮子头、福字头、阉鸡头。

2. 生产性能　宁乡猪肥育期日增重为 368 g,饲料利用率较高,体重 75~80 kg 时屠宰为宜,屠宰率为 70%,膘厚 4.6 cm,眼肌面积 18.42 cm^2,瘦肉率为 34.7%。宁乡猪 3 胎以上产仔 10 头。

(二)淮猪

淮猪是原产淮北平原的古老地方品种。淮猪品种分淮北猪、山猪、灶猪3个类型。

1. 体型外貌　被毛黑色而较密，额部皱纹浅而少，嘴筒较长而直，体型较紧凑，四肢结实。

2. 生产性能　性成熟早，母猪产仔数较多，3～9胎平均产仔13头左右。育肥猪平均日增重475 g左右，料肉比4.57∶1，胴体背腰部较薄，皮较厚，瘦肉率高达45%。

(三)民猪

民猪是东北地区的一个古老的地方猪种，有大(大民猪)、中(二民猪)、小(荷包猪)3种类型。原来称“东北民猪”，后来称“民猪”。

1. 体型外貌　体重150 kg以上的大型猪称大民猪，体重95 kg左右的中型猪称二民猪，体重65 kg左右的小型猪称荷包猪。目前的民猪多属于中型猪，头中等大，嘴鼻直长，额部有纵行皱纹，耳大下垂；体躯扁平，背腰狭窄稍凹，臀部倾斜，腹大下垂，四肢粗壮；被毛全黑，冬季密生绒毛，鬃毛发达。乳头7～8对。

2. 生产性能　民猪性成熟早，母猪4月龄左右时出现初情期，母猪发情征状明显，配种受胎率高；分娩时不让人接近，有极强的护仔性。初产母猪产仔数11头左右，经产母猪13头左右。民猪有较好的耐粗饲性和抗寒能力，在较好的饲养条件下，8月龄体重可达90 kg，屠宰率为72%左右，胴体瘦肉率为46%左右。近年来经过选育和改进日粮结构后饲养的民猪，233日龄体重可达90 kg，瘦肉率为48.5%，料肉比为4.18∶1。

民猪是我国东北和华北广大地区在寒冷条件下选育成的一个历史悠久的地方种猪。它具有繁殖力高、护仔性强、抗寒能力强、体质健壮、脂肪沉积能力强和肉质好的特点，与其他品种杂交均获得良好效果。新金猪、吉林省黑猪、哈白猪和三江白猪等都是用民猪和其他猪种杂交培育而成。但增重较慢，饲料转化率低，胴体脂肪率高。今后应继续加强本品种选育，进一步提高生长速度，提高胴体的瘦肉率。

(四)荣昌猪

荣昌猪产于四川省荣昌和隆昌两县及泸县、永川、大足、合江和富顺等县的部分地区。

1. 体型外貌　荣昌猪体型较大，除两眼四周或头部有大小不等的黑斑外，其余被毛均为白色，也有少数在尾根及体躯出现黑斑，全身纯白，是我国地方猪种中少有的白色猪种之一。群众按毛色特征分别称为“金架眼”、“黑眼膛”、“黑头”、“两头黑”、“飞花”和“洋眼”等。其中“黑眼膛”和“黑头”约占一半以上。乳头 6～7 对。

2. 生产性能

肥育性能：日增重 313 g，以 7～8 月龄体重 80 kg 左右为宜，屠宰率为 69%，瘦肉率 42%～46%，腿臀比例 29%。荣昌猪肌肉呈鲜红或深红色，大理石纹清晰，分布较匀。

繁殖性能：公猪的发情期为 62～66 日龄，4 月龄已进入性成熟期，5～6 月龄时可开始配种。成年公猪的射精量为 210 mL 左右，精子密度为 0.8 亿个/mL。母猪初情期平均为 85.7(71～113)日龄，发情周期 20.5(17～25)d，发情持续期 4.4(3～7)d。

鬃毛：荣昌猪的鬃毛，以洁白光泽、刚韧质优载誉国内外。

1957 年，荣昌猪被载入英国出版的《世界家畜品种及名种辞典》，成为国际公认的宝贵猪种资源。

(五)华中两头乌猪

华中两头乌猪产于长江中游和江南平原湖区、丘陵地带，包括湖南沙子岭猪、湖北监利猪和通城猪、江西的赣西两头乌猪和广西的东山猪等地方猪。为我国长江中游地区数量最多、分布最广的猪种。

1. 体型外貌　华中两头乌猪躯干和四肢为白色，头、颈、臀、尾为黑色，黑白交界处有 2～3 cm 宽的晕带，额部有一小撮白毛称笔苞花或白星。头短宽，额部皱纹多呈菱形，额部皱纹粗深者称狮子头；头长直，额纹浅细者称万字头或油嘴筒。耳中等大，腹大，后躯欠丰满，四肢较结实，多卧系、叉蹄，乳头多为6～7对。

2. 生产性能　6月龄体重，公猪36 kg，母猪38 kg。6月龄前生长发育较快，2岁达到成年。不同类群的成年母猪，体重为94～124 kg，胸围101～119 cm。公猪一般于5～6月龄体重30～40 kg开始配种，由于早配和使用过度，一般多利用2～3年。小母猪初次发情在100日龄左右，一般于5～6月龄体重40～50 kg配种。初产母猪产仔数为7～8头，三产及三产以上母猪产仔数为11头左右。在农村饲养条件下，肥育猪8月龄体重可达80 kg左右。体重80 kg左右的肥育猪，屠宰率71%，胴体瘦肉率41%～44%。

（六）两广小花猪

两广小花猪由陆川猪、福绵猪、公馆猪、黄塘猪、塘缀猪、中垌猪、桂墟猪归并，统称两广小花猪。分布于广东、广西相邻的浔江、西江流域的南部，中心产区有陆川、玉林、合浦、高州、化州、吴川、郁南等地。

1. 体形外貌　两广小花猪体短和腿矮为其特征，表现为头短、颈短、耳短、身短、脚短、尾短，故又称为六短猪，额较宽，有Y形或菱形皱纹，中有白斑三角星，耳小向外平伸，背腰宽而凹下，腹大多拖地，体长与胸围几乎相等，被毛稀疏，毛色均为黑白花，黑白交界处有4～5 cm宽的晕带，乳头6～7对。

2. 生产性能

生长发育：6月龄母猪体重38 kg，体长79 cm，胸围75 cm。成年母猪体重112 kg，体长125 cm，胸围1.13 cm。

繁殖性能：性成熟较早，小母猪4～5月龄体重不到30 kg即开始发情，多在6～7月龄、体重40 kg时初配，初产平均产仔8头，三产以上平均产仔10头。

肥育性能：据广西资料，肥育猪11～87 kg，日增重309 g，每千克增重消耗混合料4.22 kg、青料3.42 kg。体重75 kg屠宰，屠宰率67.72%，胴体中肉占37.2%，脂占45.2%，皮占10.5%，骨占7.1%。

(七)太湖猪

太湖猪产于长江下游的沿海沿江地区，共有7个类群。其中产于嘉定县的称"梅山猪"，产于松江县的称"枫泾猪"，产于嘉兴、平湖县的称"嘉兴黑猪"，产于武进和靖江县的称为"二花脸猪"。还有"横泾猪"、"米猪"、"沙乌头猪"。以上猪种因其有共同的来源，主要特征和特性也很类似，从1974年起统称"太湖猪"。

1.体型外貌　太湖猪体型中等，各类群间有差异，以梅山猪较大。骨骼较粗壮，被毛稀疏，黑或青灰色，四肢、鼻均为白色，俗称"四白脚"，也有尾尖为白色的；腹部紫红，头大额宽，额部和后躯皱褶深密，耳大下垂，形如烤烟叶。四肢粗壮，腹大下垂，臀部稍高，乳头8～9对，最多12.5对。

2.生产性能

繁殖性能：太湖猪以繁殖力高著称于世，是全世界已知猪品种中产仔数最高的一个品种，尤以二花脸、梅山猪最高。初产平均12头，经产母猪平均16头以上，最高纪录产过42头，泌乳力高，母性好。太湖猪性成熟早，公猪4～5月龄精子的品质即达成年猪水平。

遗传性能及杂交优势：太湖猪遗传性能较稳定，与瘦肉型猪种结合杂交优势强。最宜作杂交母体。

肥育性能：太湖猪早熟易肥，胴体瘦肉率38.8%～45%，肌肉pH值为6.55±0.2，肉色鲜红，肌蛋白含量(23.5±2.0)%，肌间脂肪含量为(1.37±0.28)%，肉质好。

纯种太湖猪肥育时生长速度慢，胴体中皮的比例高，瘦肉率偏低。今后应加强本品种选育，适当提高瘦肉率。进一步探索更好的杂交组合，在商品瘦肉猪生产中发挥更大的作用。

(八)金华猪

金华猪原产于浙江省金华地区的义乌、东阳和金华 3 个县，近年来已推广到全省 20 多个县市和省外部分地区。

1. 体型外貌　金华猪体型中等偏小，额有皱纹，耳中等大、下垂，颈短粗，背微凹，腹大微下垂，臀较倾斜，四肢细短；毛色以中间白、两头黑为特征，即头颈和臀尾为黑皮黑毛，体躯中间为白皮白毛，在黑白交界处有黑皮白毛的“晕带”，因此又称“金华猪两头乌”或“两头乌”猪。乳头一般 8 对左右。

金华猪按头型可分为寿字头型、老鼠头型和中间头型 3 种，现称大、中、小型。寿字头型体型稍大，额部皱纹较多较深，结构稍粗，主要分布于金华义乌等地。老鼠头型个体较小，嘴筒窄长，额面较平滑，结构细致，分布在东阳等地。中间型则介于两者之间，体型适中，头长短适中，额部有少量浅的皱纹，是目前产区饲养最广的一种类型。

2. 生产性能　金华猪以肉质好、适宜腌制火腿和腊肉而著称。它的鲜腿重 6～7 kg，皮薄，肉嫩，骨细，肥瘦比例恰当，瘦中夹肥，五花明显。以此为原料制作的金华火腿，是中国著名传统的熏腊制品，为火腿中的上品。一般饲养条件下，在体重 17～76 kg 阶段，平均饲养期 127 d，日增重 464 g，每千克增重耗消化能 51.41 MJ，可消化粗蛋白质 425 g，75 kg 体重屠宰，屠宰率 72.55%，瘦肉率 43.36%。金华猪具有性成熟早、繁殖力高，一般产仔 14 头左右，性情温顺、母性好等优良特性。但仔猪出生重较小，肥育猪在育肥后期生长较慢，饲料转化率较低，后腿欠丰满。

(九)香猪

香猪是我国小体型地方猪种。原产于我国广西、贵州山区，其肉嫩味香，无膻无腥，故名香猪，是一个生产优质猪肉的良种。同时作为实验动物或宠物饲养也有广阔的前景。

1. 体型外貌　香猪体格短小。其被毛多全黑，毛细有光泽，眼睛周围无毛区明显，头较直，耳小而薄，略向两侧平伸或稍下垂，背腰微凹，腹大而圆，下垂，四脚短细，尾巴细小，尾端毛呈白色；母猪乳头多 5～6 对。

2. 生产性能　香猪 6 月龄体高 40 cm 左右，体长 60～75 cm，体重 20～30 kg，相当于同龄大型猪的 1/5～1/4，平均日增重仅 120～150 g。成年公猪体重为 37.4 kg，母猪体重为 40.0 kg。母猪平均产仔数为 4.5～5.7 头。38.9 kg 育肥猪屠宰率为 65.7%，胴体瘦肉率为 46.75%。体重达 30～40 kg 时为适宜屠宰期。香猪性成熟早，4～6 个月即可发情配种，3～4 d 内配种 2～3 次为好。平均每胎产仔 7～10 头，公母比例以 1∶(8～10)为宜。

香猪早熟易肥，皮薄骨细，肉质鲜嫩，哺乳仔猪与断乳仔猪肉味香，无奶腥味与其他异味，加工成烤猪、腊肉，别具风味与特色。香猪是我国向微型猪方向发展，用作乳猪生产很有前途的猪种与宝贵基因库。

(十)八眉猪

八眉猪的中心产区为陕西泾河流域、甘肃陇东和宁夏的固原地区。具有适应性强、抗逆性强、肉质好、脂肪沉积能力强、耐粗放管理、遗传性稳定等特点，但八眉猪也存在着生长慢、后躯发育差、皮厚等缺点。

1. 体型外貌　头较狭长，耳大下垂，额有纵行“八”字皱纹，故名八眉。被毛黑色。按体型外貌和生产特点可分为大八眉、二八眉和小伙猪 3 大类型。

2. 生产性能

肥育性能：八眉猪生长较慢，肥育期较长。大八眉猪 12 月龄体重才 50 kg 左右，2～3 年体重达 150～200 kg 时屠宰，膘厚 8 cm，二八眉猪肥育期较短，10～14 月龄、体重 75～85 kg 时即可出栏;小仔猪10月龄、体重50～60 kg时即可屠宰。肥育期日增重为458 g,瘦肉率为43.2%。八眉猪的肉质好,肉色鲜红,肌肉呈大理石纹状,肉嫩,味香,胴体瘦肉含蛋白质22.56%,眼肌的pH值为6.71。

繁殖性能:公猪性成熟早,30日龄左右即有性行为。公猪10月龄体重40 kg时开始配种。一般利用年限6～8年,亦有多达10年以上的。母猪于3～4月龄(平均116 d)开始发情,发情周期一般为18～19 d,发情持续期约3 d,产后再发情时间一般在断乳后9(5～22)d。母猪8月龄体重45 kg时开始配种。产仔数头胎6.4头,3胎以上12头。一般利用年限4年左右。成年公猪一次射精250～400 mL。

二、引进的优良品种

(一)杜洛克

杜洛克原产于美国东部的新泽西州和纽约州等地。杜洛克最大特点是,身体健壮、强悍,耐粗性能强,是一个极富生命力的品种。生长快,饲料利用率高。该品种的缺点是繁殖力不太高,胴体产肉量稍低,肌肉间脂肪含量偏高。

1.体型外貌　全身被毛呈棕红色,体躯高大,粗壮结实,全身肌肉丰满平滑,后躯肌肉特别发达,头较小,颜面微凹,鼻长直,耳中等大小,向前倾,耳尖稍弯曲,胸宽而深,背腰略呈拱形,腹线平直,四肢强健,蹄黑色。

2.生产性能　杜洛克是生长发育最快的猪种,肥育期平均日增重750 g以上,料肉比(2.5～3.0)∶1。胴体瘦肉率在60%以上,屠宰率为75%,成年公猪体重为340～450 kg,母猪300～390 kg。初产母猪产仔9头左右,经产母猪产仔10头左右。母性较强,育成率高。

由于杜洛克猪具有增重快,饲料报酬高(料肉比为(2.8～3.2)∶1),

胴体品质好、眼肌面积大、瘦肉率高等优点，而在繁殖性能方面较差些。故在与其他猪种杂交时，经常作为终端父本，以达到增产瘦肉和提高产仔数的目的。

(二)皮特兰猪

皮特兰猪原产于比利时的布拉帮特省，是由法国的贝叶杂交猪与英国的巴克夏猪进行回交，然后再与英国的大白猪杂交育成的。主要特点是瘦肉率高，后躯和双肩肌肉丰满。

1.体型外貌　皮特兰猪毛色呈灰白色并带有不规则的深黑色斑点，偶尔出现少量棕色毛。头部清秀，颜面平直，嘴大且直，双耳略微向前；体躯呈圆柱形，腹部平行于背部，肩部肌肉丰满，背直而宽大。体长 1.5～1.6 m。

2.生产性能

肥育性能：在较好的饲养条件下，皮特兰猪生长迅速，6 月龄体重可达 90～100 kg。日增重 750 g 左右，每千克增重消耗配合饲料 2.5～2.6 kg，屠宰率 76%，瘦肉率可高达 70%。

繁殖性能：公猪一旦达到性成熟就有较强的性欲，采精调教一般一次就会成功，射精量 250～300 mL，精子数每毫升达 3 亿个。母猪母性不亚于我国地方品种，仔猪育成率在 92%～98%。母猪的初情期一般在 190 日龄，发情周期 18～21 d，每胎产仔数 10 头左右，产活仔数 9 头左右。

(三)长白猪

长白猪原名兰德瑞斯猪，原产于丹麦，是世界著名的瘦肉型猪种。长白猪具有胴体瘦肉率高、生长快、繁殖性能良好等特性，是生产商品瘦肉猪的优良亲本。

1.体型外貌　全身被毛白色(允许眼角和尾根部偶有小块暗斑)，头小肩轻，脸面平直，鼻嘴直长，耳大前倾。躯干较长，背部平直稍呈弓形。四肢较高，后躯的肌肉丰满，前窄后宽呈流线型，胸部有 16～17 对肋骨,乳头 6 对以上。

2. 生产性能　长白猪生长速度快,屠宰率高,屠体较长,胴体瘦肉率高。据测定,体重 30.7～72.28 kg 阶段,日增重 731 g,屠宰率 71.66%。长白猪性成熟较晚,6 月龄开始出现性行为,9～10 月龄体重达 120 kg 左右开始配种。初产母猪产仔数 10～11 头,经产母猪产仔数 11～12 头。长白猪作为第一父本进行二元杂交或三元杂交,效果显著。

(四)大约克夏猪

大约克夏猪又叫大白猪,是世界著名的瘦肉型猪种。大白猪具有生长快,饲料转化率高,胴体瘦肉率高,繁殖性能好和适应性强等特征,是生产商品瘦肉猪的优良亲本。

1. 体型外貌　全身被毛白色(允许眼角和尾根有小块黑斑),头大小适中,鼻直或微凹,耳竖立,背腰多微弓,体大,后躯发育良好,四肢结实。

2. 生产性能　母猪初产 8～11 头,经产 11～13 头;肥育猪日增重 700 g 以上,每千克增重耗料 3.0 kg 以下,胴体瘦肉率 62% 以上。大约克夏猪引入我国后,经过多年培育驯化,已有了较好的适应性。在杂交配套生产体系中主要用作母系,也可用作父系。大约克夏猪通常利用的杂交方式是杜×长×大或杜×大×长,即用长白公(母)猪与大约克夏母(公)猪交配生产,杂一代母猪再用杜洛克公猪(终端父本)杂交生产商品猪。这是目前世界上比较好的配合。我国用大约克夏猪作父本与本地猪进行二元杂交或三元杂交,效果也很好。可在我国绝大部分地区饲养。

(五)汉普夏猪

汉普夏猪属瘦肉型猪品种。原产英国南部,由美国选育而成。汉普夏猪具有独特的毛色特征,在肩和前腿部为白色,其他部位为黑色,有银带猪之称。

1. 体型外貌　全身主要为黑色，肩部到前肢有一条白带环绕，俗称白肩(带)猪。头大小适中，颜面直，耳向上直立，中躯较宽，背腰粗短，体躯紧凑，呈拱形。背最长肌和后躯肌肉发达。

2. 生产性能　胴体品质好。母猪平均产仔数 9 头，仔猪硕壮而均匀，母性良好。胴体瘦肉率 65％以上。杂交配套生产体系中可用作终端父本，也可作母本。

(六)斯格配套系

1. 配套系组成　斯格配套系育种工作开始于 20 世纪 60 年代初，已有近 40 年的历史。他们一开始是从世界各地主要是欧美等国先后引进 20 多个猪的优良品种或品系作为遗传材料，经过系统测定、杂交、亲缘繁育和严格选择，分别育成了若干个专门化父系和母系。这些专门化品系作为核心群，进行继代选育和必要的血液引进、更新等，不断地提高各品系的性能。目前育成的 4 个专门化父系和 3 个专门化母系可供世界上不同地区选用。目前我国主要引进 23、33 这 2 个父系和 12、15、36 这 3 个母系组成了五系配套的繁育体系，从而开始在我国繁育推广斯格瘦肉型配套系种猪和配套系杂交猪。

2. 生产性能　父母代母猪胎均产仔数为 12.5～13.5 头，一生产仔胎数可达 6.8 胎；育肥期 25～100 kg阶段，平均日增重900 g；出生到 100 kg 出栏平均为 150 d；育肥期料重比 2.4∶1；商品代育肥猪 100 kg 屠宰率为 75％～78％，胴体瘦肉率为 66％～67.5％。

(七)PIC 配套系

1. 配套系组成　PIC 配套系是以长白、大约克、杜洛克、皮特兰四大瘦肉型猪为基础，导入包括中国太湖猪在内的其他一些著名品种血统，选育形成 20 多个专门化品系后，进行最优化组合培育而成。其主要优点为生长速度快，产仔多，成活率高，瘦肉率高，肉质细嫩，免疫力强，对环境适应性较好。

目前，国内引入繁育的有 PIC 曾祖代 4 个专门化品系，由父系 L64、母系 L11 及父系 L19、PIC 祖代母猪（由 L02 父系及母系 L03、L95 杂交而成）组成。

2. 生产性能　父母代母猪初产活仔数平均为 11.3～11.7 头/胎，经产活仔数为 12.4～12.6 头/胎；商品猪育肥期 30～100 kg 阶段，日增重 900～1 150 g；出生到 90 kg 出栏平均为 155 d；育肥期料重比（2.5～2.6）∶1；商品代育肥猪 90 kg 屠宰率为 73％～75％，胴体瘦肉率为 65％～68％。

三、我国培育的优良品种

（一）北京黑猪

北京黑猪是北京本地黑猪与引入巴克夏、中约克夏、苏联大白猪、高加索猪进行杂交后选育而成。主要分布在北京市京郊各区县，并推广于河北、河南、山西等省。

1. 体型外貌　北京黑猪全身被毛黑色，体质结实，结构匀称。头大小适中，两耳向前上方直立或平伸，面部微凹，额较宽，颈肩结合良好，背腰较平直且宽，腿臀较丰满，四肢健壮。乳头多为 7 对。

2. 生产性能　北京黑猪成年体重，公猪 262 kg，母猪 236 kg。初产母猪平均窝产仔数 10 头，经产母猪平均窝产仔数 11.52 头。据测定，20～90 kg 体重阶段，平均日增重为 609 g，每千克增重耗混合料 3.0 kg。屠宰率为 72.4％，胴体瘦肉率 51.5％。

（二）三江白猪

三江白猪产于东北三江平原，是由民猪和来自英国、瑞典、法国的长白猪杂交选育而成的我国第一个瘦肉型猪种。

1. 体型外貌　三江白猪被毛全白，毛丛稍密，头轻嘴直，两耳下垂或稍前倾，背腰平直，中躯较长，腹围较小，后躯丰满，四肢健壮。蹄质坚实，乳头 7 对，排列整齐。

2. 生产性能　三江白猪继承了民猪亲本在繁殖性能上的优点，性成熟早，初情期约在 4 月龄，发情征状明显，配种受胎率高。初产母猪平均产仔 10.2 头，经产 12.4 头。6 月龄体重可达 84.6 kg，胴体瘦肉率 58%，特别适合于在寒冷地区饲养。在农场生产条件下饲养，表现出生长迅速、饲料消耗少、抗寒、胴体瘦肉多、肉质好等特点。

（三）哈尔滨白猪

哈尔滨白猪简称哈白猪，是由不同类型约克夏和东北民猪及苏白猪杂交选育而形成。广泛分布于滨州、滨绥、滨北和牡佳等铁路沿线。

1. 体型外貌　哈白猪体型较大，全身被毛白色，头中等大小，两耳直立，面部微凹。背腰平直，腹稍大但不下垂，腿臀丰满，四肢健壮，体质结实。乳头 7 对以上。

2. 生产性能　哈白猪的成年公猪体重 222.1 kg，成年母猪体重 176.5 kg。屠宰率 74%，膘厚 5 cm，眼肌面积 30.81 cm^2，后腿比例 26.45%，90 kg 屠宰胴体瘦肉率 45%以上。初产母猪平均产仔数 9.4 头，经产母猪平均产仔 11.3 头，仔猪断乳窝重 158 kg。

（四）新淮猪

新淮猪产于江苏省淮阴地区，采用淮猪和约克夏杂交培育而成，具有耐粗饲，适应性强，产仔数较多等优点，但其经济早熟性较差。

1. 体型外貌　新淮猪全身被毛黑色，仅在体躯末端有少量白斑。头稍长，嘴平直微凹，耳中等大，向前下方倾垂。背腰平直，腹稍大但不下垂，臀略倾斜，四肢健壮，乳头 7 对以上。成年公猪体重 230～250 kg，成年母猪体重 180～190 kg。

2. 生产性能　肥育猪最适屠宰体重 80～90 kg。体重 87 kg 时屠宰率 71%，膘厚 3.5 cm，眼肌面积 25 cm^2，腿臀比例 25%，胴体瘦肉率45%左右。新淮猪成年体重，公猪244.2 kg，母猪185.22 kg。性成熟较早，公母猪3月龄左右有性行为。初产母猪产仔数10.5头，经产母猪产仔数13.23头。

(五)上海白猪

上海白猪产于上海市近郊的上海和室山县，是在当地条件下培育成的肉脂兼用型品种。主要是在本地猪(太湖猪)和约克夏、苏白猪等猪种进行杂交的基础上，通过多年培育而成。主要特点是生长发育快，产仔数较多，适应性强和胴体瘦肉率较高。

1. 体型外貌　全身被毛白色，体质坚实，体型中等偏大，头面平直或微凹，耳中等大略向前倾。背宽，腹稍大，腿臀较丰满。有效乳头7对。成年公猪体重250 kg左右，成年母猪180 kg左右。

2. 生产性能

肥育性能：在良好的饲养条件下，170日龄体重可达90 kg，体重20～90 kg阶段的日增重615 g左右，料肉比3.62∶1。体重90 kg屠宰，屠宰率70.55%。眼肌面积26 cm^2，腿臀比例27%，胴体瘦肉率52.5%。

繁殖性能：公猪一般在8～9月龄，体重100 kg以上开始配种。母猪初情期为6～7月龄，发情周期19～23 d，发情持续期2～3 d，多在8～9月龄配种。初产母猪产仔数9头左右，经产母猪(3胎及3胎以上)产仔数11～13头。

(六)新金猪

新金猪是由巴克夏公猪与东北、华北地区民猪杂交育成的肉脂兼用型品种，集中产于辽宁省大连市郊、金县和新金县等地。新金猪具有生长较快，早熟易肥，饲料利用率高，胴体瘦肉率51%左右，性情温顺，易于管理等特点。

1. 体型外貌　新金猪体质结实，结构匀称。头大小适中，颜面略弯曲，耳直立前倾。背腰平直，胸宽深，后躯较丰满，四肢健壮。

被毛稀疏，全身黑色，鼻端、尾尖和四肢下部多为白色，具有“六端白”或不完全“六端白”的特在。有效乳头 6 对以上，排列整齐。成年公猪体重 200～250 kg，成年母猪体重 180～200 kg。

2. 生产性能

肥育性能：肥育猪 7～8 月龄体重达 90～100 kg，肥育期日增重 500～600 g，料肉比为(3.2～3.5)：1，体重 90 kg 屠宰，屠宰率 77%，腿臀比例 26%，胴体瘦肉率 49%～52%。膘厚 4.33 cm，眼肌面积 28.04 cm^2。

繁殖性能：初产母猪产仔 9 头左右，经产母猪产仔 10 头左右。仔猪 50 日龄窝重 90 kg。

四、杂交利用

杂交是指不同品种、品系或类群间的交配。杂交所产生的后代称为杂种。杂种个体通常会表现出生活力和生殖力较强，生产性能较高，这种现象称为杂种优势。杂交的目的，就是为了加速品种的改良和利用杂种优势，在短时间内生产出高性能的商品育肥猪。在养猪生产中常用的经济杂交模式有以下几种。

1. 二元杂交　二元杂交是利用两个品种或品系进行一次杂交，其杂种一代全部作为商品肉猪。这是最为简单的一种杂交方式，且收效迅速，只要购进父本品种即可杂交。一般要求父本和母本来自不同的具有遗传互补性的两个群体。在我国一般以地方品种或培育品种为母本，以引入猪种作父本。这种杂交方式的缺点是仅利用了生长肥育性能的杂种优势，而杂种一代被直接育肥，没有利用繁殖性能的杂种优势。见图 1-1。

A品种（♂）×B品种（♀）

↓

AB（全部育肥）

图 1-1　二元杂交示意图

2.三元杂交　三元杂交又称三品种杂交，是由3个品种(系)参加的杂交，生产上多采用两品种杂交的杂种一代母猪作母本，再与第三品种的公猪交配，后代全部作商品猪育肥。三元杂交在现代养猪业中具有重要意义，其优点在于既能获得最大的个体杂种优势，也能获得效果十分显著的母体杂种优势。同时遗传基础比较广泛，可以利用3个品种(系)的基因互补效应。缺点是需要饲养3个纯种(系)，进行两次配合力测定。见图1-2。

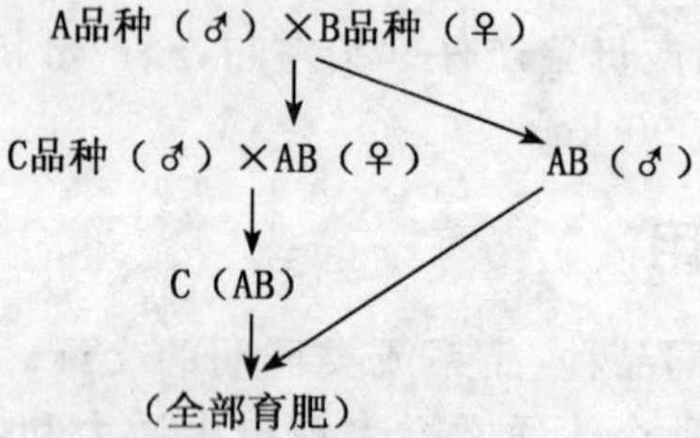

图1-2　三元杂交示意图

3.四元杂交　四元杂交又称四品种杂交或配套系杂交，采用4个品种(系)，先分别进行两两杂交，在后代中分别选出优良杂种父本、母本，再杂交获得四元杂种的商品育肥猪。由于父、母本都是杂种，所以双杂交能充分利用个体母本和父本杂种优势。另外，四元杂交又比三元杂交能使商品代猪有更丰富的遗传基础。同时还有发现和培育出“新品系”的可能。20世纪80年代以来，由于四元杂交日益显示出优越性而被广泛利用。见图1-3。

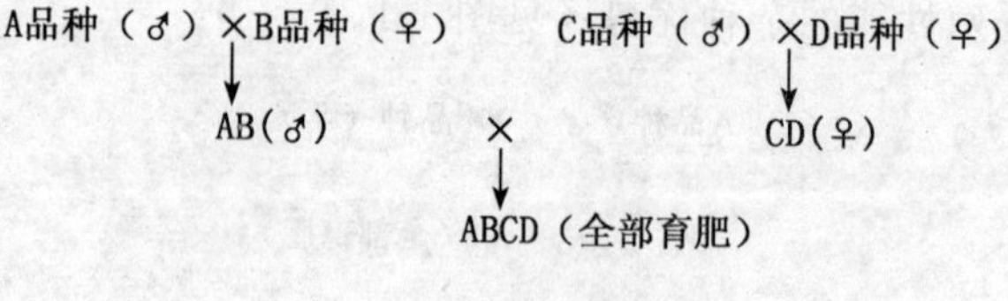

图1-3　双杂交示意图

本章重点提示

不要用不同的品种盲目地进行混交乱配，以免导致纯种不纯、杂种不优；另外，要根据自身的生产特点选择合适的品种。

第二章 猪营养供给适宜化

本章知识新亮点：妊娠母猪分阶段饲喂

妊娠母猪前期需要的营养少，随着妊娠期的增加，营养需要量也随着增加。因此妊娠母猪饲料要根据胎儿的生长发育规律及母猪体重增长规律进行配制，一般分为妊娠前期（配种到妊娠 80 d）和妊娠后期（妊娠 80 d 到分娩）两个阶段饲养标准配制饲料，最后一周逐渐减料。为生产出活力强、初生重大的仔猪打下物质基础，同时保证母猪良好的繁殖性能。

一、预混料的生产与应用

（一）预混料的概念、分类及特点

1. 概念　预混料又称添加剂预混料，是同一类的多种添加剂或不同类型的多种添加剂按一定比例配制而成的匀质混合物。添加剂预混料是一种添加量少但作用巨大的饲料产品，是全价配合饲料的重要组成部分。

2. 分类　预混料按组成成分和使用对象及生理阶段可以分为若干类型。按组成成分分：

(1)单一型预混料：指以一种活性成分为原料的匀质混合物。如维生素 E 制剂、微量元素硒制剂、植酸酶制剂、吉他霉素制剂等。

(2)同类复合预混料：指由一类添加剂组成的预混料，如多种维生素预混料、多种微量元素预混料。

(3)综合复合预混料：指按照动物的营养需要和消化生理特点由两类或两类以上的添加剂组成的预混料，如维生素、微量元素、抗生素、药物等组成的复合预混剂。按使用对象可分为乳猪用预混料、仔猪用预混料、生长猪预混料、育肥猪预混料、哺乳母猪预混料、妊娠母猪预混料、种公猪预混料等。这也是使用最为广泛的预混料类型。

目前养猪生产常用的添加剂预混料主要种类有0.2%的微量元素预混料、0.05%的维生素预混料、1%的复合预混料、4%～6%的复合预混料。

主要单项添加剂有酶制剂、抗生素添加剂、霉菌吸附剂、酸化剂、脱霉剂、抗氧化剂、诱食剂等。

在养猪生产中，为运输方便、自备原料的便利及降低饲料成本，适度规模化猪场大多采用4%～6%的复合预混料。

3. 复合预混料的特点

(1)组成复杂。复合预混料一般包括 Fe、Cu、Zn、Mu、I、Se、Co 等多种微量元素，多种维生素 A、维生素 D_3、维生素 E、维生素 K_3、维生素 B_2、泛酸钙、烟酸、维生素 B_{12}、叶酸、生物素和胆碱等，还包括氨基酸如赖氨酸及蛋氨酸等营养性添加剂以及促生长剂、酶制剂、酸化剂等多种非营养性添加剂。

(2)用量少、作用大。一般预混料占配合饲料的比例为1%或4%～6%。用量虽少，但对动物生产性能的提高、饲料转化率的改善以及饲料的保存都有很大的作用。

(3)不能直接饲喂。复合预混料必须与其他的蛋白质饲料、能量饲料等按照动物营养需要配合在一起才能使用。如果直接饲喂很容易造成动物中毒。

(二)非营养性添加剂在猪生产中的应用

在复合预混料的生产中，除了经常使用的氨基酸、维生素、微量元素等营养性添加剂外，还会使用不同类型的非营养性添加剂。这些非营养性添加剂在改善饲料转化效率、促进动物生长发育、改善饲料适口性等多个方面都起到重要的作用。常用的非营养性添加剂主要有：

1. 抗生素　抗生素是一类由微生物(细菌、放线菌、真菌等)发酵产生的具有抑制和杀灭其他微生物的代谢产物。目前已有多种抗生素可人工合成或半合成生产。抗生素的主要功能是抑制动物肠道中有害微生物的生长与繁殖,从而控制疾病发生和保持动物体健康;促进有益微生物的生长并合成对动物体有益的营养物质;防止动物肠道壁增厚,增进动物对营养物质的消化与吸收,促进动物的生长与生产。

抗生素作为促生长饲料添加剂,自20世纪中叶开始逐步被广泛应用。产生的经济效益十分显著。尽管抗生素作为添加剂在配合饲料中的添加量很小(大多以 mg/kg 计),但由于长期使用抗生素添加剂,会导致微生物产生耐药性;易造成猪内源性或二重性感染,使猪体内的正常微生物体系失衡;使猪体的免疫功能下降,抵抗力降低;超量使用会在畜产品中残留等弊端。随着科学技术的发展,人们对环境质量及对食品安全的认识与要求越来越高,许多国家都对抗生素作为饲料添加剂作出了明确的规定和限制,一些国家禁止在畜禽饲料中使用多种抗生素和抗菌类化学制剂,防止其在畜禽产品中的残留及不良效应。目前,我国暂时还允许作为饲料添加剂的抗生素有杆菌肽锌、硫酸黏杆菌素、北里霉素、恩拉霉素、维吉尼亚霉素、泰乐菌素、土霉素、盐霉素和拉沙里菌素钠等。我国有关猪用抗生素和合成抗菌药物的使用规定见表 2-1。

2. 调味剂　猪味觉和嗅觉发达,口腔内味觉细胞多达 1.5 万个,在饲料中添加调味剂可刺激动物的嗅觉和味觉,增强食欲,促进唾液腺、胃腺和胰腺的分泌,提高采食量,促进生长发育。猪常用的调味剂主要有以下几种。

(1)甜味剂:主要是糖和糖精,糖多用于仔猪料,用量不宜过高,一般为2%～3%,否则易引起仔猪腹泻。在仔猪日粮中添加150～200 mg/kg 的糖精,可显著提高仔猪采食量,日增重提高8%～10%。育肥猪饲料可使用糖精。试验表明,每吨饲料中添加糖精 50 g,猪的日增重可提高 6%以上,饲料消耗则降低 4%。在哺乳母猪日粮中添加 60 mg/kg 的糖精，可防止母猪哺乳期发生厌食症及过度掉膘，提高泌乳率。

表 2-1　我国对猪用抗生素和合成抗菌药物的使用规定（NY 5032—2001）

名　称	含量规格	用法与用量（1 t 饲料中添加量）	休药期(d)	商品名
杆菌肽锌预混剂	10%或 15%	4～40 g(4 月龄以下)，以有效成分计	0	
黄霉素预混剂	4%或 8%	仔猪 10～20 g，生长、肥育猪 5 g，以有效成分计	0	富乐旺
维吉尼亚霉素预混剂	50%	20～50 g	1	速大肥
喹乙醇预混剂	5%	1～2 kg，禁用于体重超过 35 kg 的猪	35	
阿美拉霉素预混剂	10%	4 月龄以内 200～400 g，4～6 月龄 100～200 g	0	效美素
盐霉素钠预混剂	5%，6%，10%，12%，45%，50%	25～75 g，以有效成分计	5	优素赛 可喜精
硫酸黏杆菌素预混剂	2%，4%，10%	仔猪 2～20 g，以有效成分计	7	抗敌素
牛至油预混剂	2.5%	用于预防疾病 500～700 g，用于治疗病 1 000～1 300 g 连用 7 d，用于促生长 50～500 g		诺必达
杆菌肽锌、硫酸黏杆菌素预混剂	杆菌肽锌 5%，硫酸黏杆菌素 1%	2 月龄以下 2～40 g，4 月龄以下 2～20g，以有效成分计	7	万能肥素
土霉素钙	5%，10%，20%	10～50 g(4 月龄以内)，以有效成分计		
吉他霉素预混剂	2.2%，11%，55%，95%	用于促生长 5～55 g 用于防治疾病 80～330 g，连用 5～7 d，以有效成分计	7	
金霉素预混剂	10%，15%	25～75 g(4 月龄以内)，以有效成分计	7	
恩拉霉素预混剂	4%，8%	2.5～20 g，以有效成分计	7	

(2)香味剂:猪对饲料中的香味较为敏感,因此添加香味剂有较好效果,可使用一些食用香精,如奶香型、腥香型等,每吨饲料中添加 200～500 g 效果较好。油脂也是一种香味剂,在仔猪料中添加 2%～3%,日增重可提高 8%,还可降低猪的死亡率。育肥猪饲料中添加油脂也可提高饲料转化率。妊娠和泌乳母猪添加脂肪,可提高乳脂率,增加泌乳量,提高新生仔猪成活率和断奶窝重。

(3)咸味剂:主要是氯化钠即食盐,是饲料中必须添加的,因它对调节体液的酸碱平衡,保持细胞和血液间渗透压平衡,刺激唾液分泌,参与胃酸形成,促进消化酶活动均有重要作用。食盐作为调味剂能改善饲料的适口性,增强食欲,帮助营养物质的消化吸收,提高饲料利用率。在猪日粮中的添加过量会引起食盐中毒。

(4)鲜味剂:主要是味精,在国外被广泛应用于猪饲料中,适量添加能显著提高猪的食欲,促进生长。一般每吨饲料添加 200 g 左右。

3.酶制剂　饲用酶制剂按其特性及作用主要分为两大类:一类是外源性消化酶,包括蛋白酶、脂肪酶和淀粉酶等,猪消化道能够合成与分泌这类酶,但因种种原因需要补充和强化。其作用是补充猪体内消化酶分泌不足,促进饲料营养物质的消化与吸收。另一类是外源性降解酶,包括纤维素酶、半纤维素酶、β-葡聚糖酶、木聚糖酶和植酸酶等。猪组织细胞不能合成与分泌这些酶,但饲料中又有相应的底物存在(多数为抗营养因子)。这类酶的主要功能是降解猪难以消化或完全不能消化的物质或抗营养物质,提高饲料营养物质的利用率。由于饲用酶制剂无毒害、无残留、可降解,使用酶制剂不但可提高猪的生产性能,充分挖掘现有饲料资源的利用率,而且还可降低畜禽粪便中有机物、氮和磷等的排放量,缓解发展畜牧业与保护生态环境间的矛盾,开发应用前景广阔。

复合酶制剂是由 2 种或 2 种以上的酶复合而成,包括蛋白酶、脂肪酶、淀粉酶和纤维素酶等。其中蛋白酶有碱性蛋白酶、中性蛋白酶和酸性蛋白酶 3 种。许多试验表明,添加复合酶能使饲粮代谢能提高 5%以上，蛋白质消化率提高 10%左右，改善饲料转化率。

植酸酶是生产中用量最多的单一酶制剂。磷在植物性饲料中含量不一，但大部分以植酸及植酸盐的形式存在，植酸磷约占植物性饲料总磷的 70%以上，难以被单胃动物消化利用，未被利用的磷随动物的粪便排出体外，污染环境；另外植酸还通过螯合作用降低动物对锌、锰、铁、钙等矿物元素和蛋白质的利用率。因此，植酸及植酸盐是一种天然抗营养因子。在植物性饲粮中添加植酸酶可显著地提高磷的利用率，促进动物生长和提高饲料营养物质转化率。据报道，猪饲粮中添加植酸酶能使锌、铜和铁的表观利用率分别提高 13%、7%和 9%；猪回肠氮消化率从 55%提高到 68%。以植酸酶替代部分或全部无机磷可降低饲料总磷含量，降低饲料成本，提高经济效益，同时可减少 30%～50%的粪磷排放量，防止磷对环境的污染。

谷物类饲料中存在的 NSP 可通过添加相应的非淀粉多糖酶来解决。小麦、黑麦和小黑麦中含有大量的水溶性阿拉伯木聚糖，而高粱、玉米中的则多为不溶于水的，大麦和燕麦中主要含有水溶性 β-葡聚糖。在饲料中添加外源性的 β-葡聚糖酶和木聚糖酶，可水解相应的 NSP，减轻这些 NSP 对动物生产的负效应和动物排泄物对环境的污染。一些饼粕类饲料中的果胶含量较高，如豆饼中果胶占其干物质量的 14%左右，应用果胶酶则可明显降低其负面作用，提高饲料的利用率。

就生长猪而言，尽管其体内消化酶的种类多、数量大、活性强，但众多试验表明恰当补充酶制剂可提高生长猪采食量，增加日增重。尤其对小麦、大麦等含非淀粉多糖较多的饲料原料配制而成的饲粮添加效果更加明显。

由于酶活性受许多因素的影响，其作用具有高度的特异性，必须选择适宜的酶制剂，采用合理的使用方法才能获得理想的添加效果。首先，依照猪的生长阶段以及日粮组成选择适宜种类的酶。

一般幼龄仔猪人工乳、代乳料、补充料中使用的酶，主要选择以淀粉酶、胃蛋白酶等消化酶为主的制剂；在猪的各种生长阶段，日粮中均可添加植酸酶。在加有小麦或大麦的幼龄猪日粮中添加以β-葡聚糖酶、木聚糖酶为主的酶制剂，能获得较好的添加效应，但在成年猪特别是母猪日粮中应用则可能添加效应较低。其次，所选酶制剂的作用条件应与消化道内环境相适应。有时可以通过调整日粮酸碱度，使消化道内 pH 值符合所用酶的作用条件。例如，28 日龄前的哺乳仔猪胃中 pH 值在 4 以上，在 28～35 日龄或28～35 日龄前的猪饲料中使用胃蛋白酶(最适 pH2～3)应同时使用酸化剂，才能发挥酶的作用。再次，饲用酶的活性。由于体外测定条件与动物消化道中的真实条件差异很大，体外所测得的酶活性并不能完全说明在饲料中的应用效果。在比较几种酶的效力时，必须使测定条件尽可能地接近酶将发挥作用的体内条件，其结果才有一定的意义。此外，注意饲料加工、贮存对酶活性的影响。为了减少饲料加工与贮存过程中对酶的破坏，应尽量减少参与饲料加工工序和贮存时间，所以酶制剂最好直接加入配合饲料或补充料中。

4.脱霉剂　养猪业者必须注意的霉菌毒素的危害。目前为止已发现了 200 多种霉菌毒素，普通认识的有 8 种，分别为黄曲霉毒素、呕吐毒素、T-2 毒素、玉米赤霉烯酮或 F-2 毒素、镰刀毒素、赭曲霉毒素、橘霉毒素、麦角毒素。据报告表明，检测上述 6 种霉菌毒素(除镰刀及麦角毒素外)在饲料和原料中均普遍存在。全价料中霉菌毒素的检出率显著高于单一的能量饲料，检出率均在 90％以上，黄曲霉毒素、T-2 毒素、呕吐毒素和玉米赤霉烯酮的检出率高达 100％。在被检的饲料和原料中，呕吐毒素、黄曲霉毒素和玉米赤霉烯酮的污染最为严重。摄入含有毒素的饲料以后，猪的中枢神经系统、肝、肾、免疫系统或繁殖机能会受到损伤。少量的毒素则会影响猪只的健康水平，降低生产性能，引起繁殖障碍。严重的情况下，毒素会导致猪只死亡。

黄曲霉毒素对猪生产性能的影响程度取决于猪群的健康状况、饲料中毒素的含量以及猪群摄入污染饲料的持续时间。低日龄猪只对黄曲霉毒素更敏感。饲料中毒素含量达十亿分之几时即可导致临床症状。低水平的黄曲霉毒素会对猪只的免疫系统造成抑制，使猪只易感细菌病、病毒病和寄生虫病。长期食入可导致肝癌、肝部损伤、黄疸以及内出血。猪群饲料转化效率会降低，生长减慢，治疗成本增加，从而影响猪场的效益。高浓度的黄曲霉毒素(1～5 mg/kg)会导致急性发病，甚至死亡。

应将饲料中黄曲霉毒素含量控制于安全水平之内。但如果猪群处于发病或应激状态，那么更低水平的毒素也可能会产生不良影响。喂给低日龄猪只的玉米中黄曲霉毒素含量不应超过20 μg/kg。种猪的全价日粮当中黄曲霉毒素不应超过100 μg/kg。体重大于45 kg的肥育猪全价日粮中黄曲霉毒素不应超过200 μg/kg。哺乳母猪日粮中黄曲霉毒素含量如果达到500～750 μg/kg，所哺仔猪死亡率就会升高，并且生长缓慢。这样的仔猪此后一生的生产性能都会很差，即使断奶后从未再接触过黄曲霉毒素也是一样。

玉米赤霉烯酮是主要发生在玉米上的一种霉菌毒素，其主要作用类似于雌激素，据测定能引起猪的繁殖问题。日粮中的浓度为1 mg/kg时就能引起这种作用。据认定，每千克体重每天摄入60 μg玉米赤霉烯酮能对猪的繁殖性能产生观察不到的负面作用。

霉菌毒素的解决办法之一是在饲料中添加霉菌吸附剂。如某些矿物质(活性炭、膨润土、沸石、硅藻土等)，它们有很强的吸附作用，能吸附饲料中的霉菌毒素。另外，酵母细胞壁的活性提取物——葡萄糖甘露聚糖也可较好地吸附毒素。

5.酸化剂　酸化剂是一类广泛使用的饲料添加剂。常用的有机酸添加剂包括乳酸、富马酸、丙酸、柠檬酸、甲酸、山梨酸等。酸化剂的主要功能是补充仔猪胃酸分泌的不足，降低胃肠道 pH 值，促进无活性的胃蛋白酶原转化为有活性的胃蛋白酶；减缓饲料通过胃的速度，提高蛋白质在胃中的消化，有助于营养物质的消化吸收；杀灭肠道内有害微生物或抑制有害微生物的生长与繁殖，改善肠道内微生物菌群，减少疾病的发生；改善饲料适口性，刺激动物唾液分泌，增进食欲，提高采食量，促进增重。目前多以复合产品为主，一般由 2 种或 2 种以上的有机酸复合而成，主要是增强酸化效果，其添加量在 0.1％～0.5％。

（三）预混料的合理应用

正确认识预混料的功效。在集约化规模饲养条件下，必须提供给动物全价配合饲料。要配制一种全价配合饲料，预混料必不可少，应首先考虑日粮中粗蛋白质、必需氨基酸、能量、钙、磷、钠、氯等营养指标，再配合科学、合理的预混料，只有这样才能发挥其提高动物生产水平、降低饲料消耗及保健等作用。要分清各种营养成分在动物营养中的作用及其相互关系，不能过分强调预混料的营养和生理作用，只有在日粮中主要营养指标合理的前提下，预混料的作用才能表现出来。

使用预混料可以提高配合饲料的营养价值，但预混料毕竟是生产配合饲料的一项中间产品，饲料的种类与要求变化很大，预混料生产时考虑再周到也很难完整地与各类全价饲料生产相配套。要用好、用活预混料，需注意以下几点。

1. 正确选择型号　预混料是按照不同猪种及其不同生长发育阶段的营养需要而科学设计的。在选用时，一定要充分了解各种添加剂的性能，根据猪的实际情况、饲养目的、生理阶段等准确选用预混料品种。如仔猪比育肥猪生长速度快、强度大，选用育肥猪的预混料往往不能满足机体生长发育的要求，不可为了贪图一时便宜，用中猪料代替小猪料，小猪阶段营养不足，影响了猪的后期发育，这种做法是得不偿失的。

2. 严格大宗原料的品质监控　养猪场(户)大多自行采购玉米、豆粕及麸皮，因缺少检验手段，所有采购的玉米可能水分偏高、杂质多、霉变几率大，豆粕可能过生或过熟、蛋白含量不足及水分大、掺假等，麸皮发霉等都会影响预混料的使用效果。故对大宗原料先化验再购入才能确保饲料日粮品质。

3. 严格按推荐剂量配合饲料　很多饲养户使用预混料时常常随便改变推荐配方，有的用户为降低成本随意降低预混料在配合料中的比例，造成各项营养指标不能满足猪各个时期的生长需要，有的用户则任意加大预混料的比例，这样不但增加了成本，而且造成中毒现象。更有甚者将预混料当“味精”，在全价饲料中再添加小包装成分，以至破坏了饲料的“全价性”。

4. 与基础饲料充分混合　预混料一定要与其他饲料充分混合均匀才能饲喂。并且最好随配随喂，配合好的饲料应一次用完。添加剂占饲料的比例很小，如果混合不均匀，必然造成一部分不足，一部分过量。可将预混料混于少量饲料中，逐级扩大，混合均匀。

5. 观察饲喂效果　及时观察猪的反应，观察猪的生长、毛色、粪便等生理状况，并注意猪有无异常现象。

6. 适当调整　要正确使用预混料，可按产品说明配制，但鉴于各地猪的品种、饲料种类、产地营养价值的差异及气候的变化，也允许作适当调整。

(1)根据饲养对象调整。用于土猪、二元杂交猪时，可以适当减少玉米、豆粕比例，用次粉、米糠等代替一部分玉米，用菜粕、棉粕等代替一部分豆粕。

(2)根据季节不同来调整。冬季应增加玉米等能量饲料的比例，可适当降低豆粕等蛋白饲料比例，但粗蛋白下降不要超过 15 个百分点；夏季由于采食量下降，应减少玉米等能量饲料比例，增加豆粕、菜粕等蛋白质饲料比例，并适当提高钙含量。

(3)食盐调整。若用了鱼干粉或肠衣粉，可减少食盐用量；在猪群打架时，食盐则可以增加，甚至提高到0.5%以上。

(4)正确选用原料。有的用户为了降低成本总是采购低价原料，殊不知价低则质低。如鱼粉，真正的鱼粉营养价值很好，而一旦掺假则还不如不用。

(5)更换预混料要循序渐进。突然更换预混料，猪可能不适应，从而影响采食和生长。

二、浓缩料的生产与应用

(一)组成与功效

浓缩饲料是由添加剂预混料、蛋白质饲料、常量矿物质按一定比例配制而成的均匀混合物，再与一定比例的能量饲料配合，即成为营养基本平衡的配合饲料。猪用浓缩料包括专用和通用两种类型，专用浓缩料是指该浓缩料针对猪的某一特定生理阶段设计，如哺乳母猪浓缩料、乳猪浓缩料等；通用浓缩料是指该浓缩料可用于不同的生理状态的猪，可根据不同的生理阶段调节使用比例，如生长肥育猪浓缩料。

浓缩料所使用的原料包括添加剂预混料、蛋白质饲料、常量矿物质饲料，有的浓缩料还使用少量的能量饲料、草粉、叶粉等。蛋白质饲料包括植物性蛋白饲料如各种饼粕、豆科籽实、玉米蛋白粉等；动物性蛋白饲料如鱼粉、肉骨粉、血浆蛋白粉、乳清粉等；此外还有酵母、结晶氨基酸等。矿物质饲料主要有磷酸氢钙、石粉、食盐等，各种添加剂包括微量元素添加剂、维生素添加剂、抗菌药物添加剂、氨基酸添加剂和载体及稀释剂等。优质的草粉和叶粉也是蛋白质饲料的良好来源，如苜蓿草粉、槐叶粉等。在母猪浓缩料中添加适当比例的草粉，对母猪的生产性能有良好作用。为补充能量的不足和减少粉尘，添加油脂1%～2%也是生产中必需的。

浓缩料是包括能量饲料以外的所有营养素。用户只需再补充能量饲料即可形成全价日粮。有些养殖的农户，自家有玉米、稻谷、小麦等饲料，为了利用这些饲料喂猪，可以购买浓缩料。需要配饲料时，可按猪不同的生长阶段，供给不同比例的浓缩料，加上一定比例的能量饲料如玉米、稻谷、麸皮等就可配制或生产出不同品种的全价料。浓缩料在猪日粮中的比例，依其营养含量而异，一般来说可占 15%～30%。

(二)浓缩料的合理使用

浓缩饲料不能直接饲喂。猪用浓缩饲料，一般粗蛋白质含量在 35%以上，矿物质和维生素含量也在猪需要量的 5 倍以上。因此不能直接饲喂，而必须按一定比例与能量饲料配合后才可饲喂。配合时不需要再添加任何添加剂，饲喂时要与粉碎后的能量饲料混合均匀，采用生干粉或用冷水拌湿饲喂，并供足清洁的饮水。

使用浓缩料配制全价饲料养猪，能有效地降低生产成本。但在使用过程中必须注意以下事项，否则效果不佳。

1. 选好品牌　目前，我国生产的浓缩饲料品种不少，质量也有差别，有的甚至是不合格的伪劣产品。因此，一定要选购产品质量可靠的厂家生产的浓缩饲料。根据国家对饲料产品质量监督管理的要求，凡质量可靠的合格浓缩饲料，必须要有产品标签、说明书、合格证和注册商标。只有掌握这些基本知识，才不会上当受骗。

2. 选用优质浓缩料　选用优质浓缩料，虽然贵一些，但饲料报酬更高，还是合算的。同时应根据猪的品种、用途、生长阶段等选购相应的产品，不能把其他动物用的浓缩饲料用于猪，也不能把种猪的浓缩饲料用于生长育肥猪。

3. 不随意改变推荐配方　各类浓缩料都有各自经过测算的推荐配方，不宜随便改变。如果缺乏某种饲源，按照原配方加以调整，或请生产厂家化验更换新饲源，重新配比。

4. 料粒不能过大　料粒过大，畜禽个体的采食量与摄取的营养水平不一致，饲料报酬低。

5. 不用劣质饲料　浓缩料的添加量仅有 25%左右，其余的是能量饲料。只有保证能量饲料的质量才能发挥浓缩料的作用，提高饲料报酬。

6. 混合均匀　目前农村很大一部分养殖户只有粉碎机，没有搅拌机，均匀度很难达到标准要求，严重制约了浓缩料的应有作用。使用浓缩料时应充分搅拌，尽量混合均匀。

7. 贮藏时间不要太长　饲料配好后贮藏时间过长，极易霉变。加工好的饲料贮藏时间不能超过 1 周，同时要求将饲料存放于干燥处，妥善保管。

三、全价配合饲料的生产与应用

(一)全价配合饲料的组成与功效

全价饲料由能量饲料（谷物类）、蛋白质饲料（豆粕类）、大宗矿物质类（钙、磷、盐类）、维生素类、微量元素类、氨基酸类、促生长药物类及其他添加剂组成的均匀饲料。全价配合饲料的营养成分及浓度能够满足猪饲养要求的日粮，可用来直接进行喂饲的产品形式。

实际上，全价料就是在浓缩料基础上添加能量饲料后所形成的，猪用能量饲料主要有：

1. 谷实类饲料　谷实类饲料大多是禾本科植物成熟种子。突出的特点是淀粉含量高，粗纤维含量低，可利用能量高，是为猪提供能量的主要来源。缺点是蛋白质含量低，氨基酸组成上缺乏赖氨酸和蛋氨酸，缺钙及维生素 A、维生素 D，磷含量较多但利用率低。

(1)玉米：玉米是谷实类饲料的主体，是能量饲料中用量最大的原料。

玉米中淀粉含量高，粗饲料含量很少，且脂肪含量可达 3.5%～4.5%。所以玉米的可利用能量高，如果以玉米的能量值作为 100，其他谷实类饲料均低于玉米。玉米蛋白质含量低，氨基酸组成不平衡，特别是赖氨酸、蛋氨酸及色氨酸含量低。

玉米营养成分的含量不仅受品种、产地、成熟等条件的影响而变化，同时玉米水分含量也影响各营养素的含量。玉米水分含量过高，还容易腐败、霉变而容易感染黄曲霉菌。黄曲霉素是一种强毒物质，是玉米的必检项目。玉米经粉碎后，易吸水、结块、霉变，不便保存。因此一般玉米要整粒保存。

(2)大麦：大麦是重要的谷实类饲料之一，全世界总产量仅次于小麦、稻米、玉米而位居第四位，半数作为饲料用。大麦分为皮大麦和裸大麦两种，后者多为食用。皮大麦依谷粒在穗上的排列方式又分为二棱大麦和六棱大麦两种。二棱大麦多供食用，六棱大麦多供酿酒用。

大麦因有外壳以致含有较高的粗纤维。皮大麦含壳量25%，粗纤维含量约6.0%，故能量低于玉米。但大麦粗蛋白质含量可达11%左右，且蛋白质的品质较好，用于喂猪可获得高质量的硬脂胴体，提高瘦肉率，但由于含粗纤维高，应限制喂量，否则影响增重。使用时应先分析出正确数据再计算配方。

(3)高粱：高粱能值稍低于玉米，一般含壳量高的品种质量较差。蛋白质含量略高于玉米，但缺乏蛋氨酸、赖氨酸。由于高粱栽培习性耐水又耐旱，抗逆性强，在国外种植面积较广。但是，高粱由于含有较多的单宁，不仅影响蛋白质及氨基酸的利用率，同时单宁的苦涩味影响适口性，单宁的收敛性可造成猪便秘。因此，高粱的用量受到限制，尤其褐色高粱，由于含单宁高，一般用量不超过20%为宜。而单宁含量低的黄高粱则可替代玉米。替代玉米的量决定于高粱单宁的含量及高粱的价格。

(4)小麦：小麦是人类重要的粮食作物之一，现在用在猪饲料部分替代玉米已成为特定条件下的选择。

小麦有效能值低于玉米、糙米，能值偏低的主要原因不是粗纤维含量高(约2.4%)，而是粗脂肪含量少(约1.8%)。小麦粗蛋白质含量高，氨基酸组成比较合理。小麦适合于饲喂猪，但是整粒饲喂影响消化率，过碎影响适口性，故以粗碎为宜。

(5)稻谷：稻谷中所含无氮浸出物在60%以上，但粗纤维达8%以上，粗纤维主要集中于稻壳中，且半数以上为木质素等。因此，稻壳是稻谷饲用价值的限制成分。稻谷中粗蛋白质含量为7%～8%，粗蛋白质中必需氨基酸如赖氨酸、蛋氨酸、色氨酸等较少。稻谷因含稻壳，有效能值比玉米低得多。

2. 糠麸类饲料　糠麸类饲料包括粉、碾米加工的副产品，其中最主要的是小麦麸（麸皮）和大米糠。糠麸类饲料的共同特点是有效能值偏低而粗蛋白含量高于谷实类饲料；含钙少而含磷多，磷多为植酸磷，利用率低；含有丰富的B族维生素，维生素E含量较少；物理结构疏松，含有适量的纤维素，有轻泻作用；吸水性强，易发霉变质，不易贮存。

(1)小麦麸：小麦麸又称麸皮，是磨面时碾破和粉碎了的屑片状大小不一的小麦种皮并带有粉状物质，包括小麦种皮、糊粉层及部分胚和胚乳。其营养成分与加工工艺及出粉率有很大关系，一般出粉率越高，则小麦的粗纤维含量越高而无氮浸出物越少。现代新的制粉工艺可出3种麸皮，即头碾小麦麸，二碾小麦麸和低纤维小麦麸。其营养成分见表2-2。

表2-2　各种小麦麸营养成分　%

营养成分	普通麸	头碾麸	二碾麸	低纤维麸
粗蛋白质	17.6	9.7	11.2	18.7
粗脂肪	4.4	1.4	2.4	4.4
粗纤维	10.1	18.3	16.6	7.9
无氮浸出物	62.3	63.7	64.7	63.7
粗灰分	5.6	6.9	5.1	5.3

由于小麦麸结构疏松且有轻泻作用，对临床前及产后的猪常喂给麸皮粥，具有一定的保健作用。小麦麸在配置饲粮时，可用于

调节饲粮的浓度，还可作为微量添加物的载体和稀释剂。

(2)米糠：稻谷在碾米过程中，除得到大米，还有稻壳(粗糠、砻糠)、米糠(大米糠、细糠)及碎米等副产物。稻壳坚硬难以消化，营养价值为负值，不能作为饲料用。米糠和碎米是良好的饲料。而米糠及稻壳的混合物称统糠，其营养价值因含壳比例不同有较大的差异。

米糠主要由稻谷的种皮及胚等组成，其中还含有少量的稻壳及碎米，因此，米糠的营养成分含量差异较大。米糠的营养成分含量见表 2-3。

表 2-3　米糠营养成分变异范围　　%

营养蛋白	粗蛋白质	粗脂肪	粗纤维	粗灰分
变异范围	11.5～14.5	10.0～15.0	6.0～9.0	10.0～14.5

米糠的有效能值变化较大，随含壳量增加而降低，随着米精制程度的提高而提高(淀粉含量增加，纤维素含量降低所致)。米糠的蛋白质含量不低，且蛋氨酸含量较高。米糠粗脂肪含量高，可达15%。作为猪饲料时，由于喂量过大易造成屠体脂肪较软，影响屠体品质，因此，应控制在 15%以下。

米糠粗脂肪含量高，易在微生物及酶的作用下发生酸败、发霉。霉败米糠可造成猪下泻，因此，最好用新鲜米糠喂猪。

3. 油脂类饲料　油脂是油与脂的总称。在室温下呈液态的称为“油”，呈固态的称为“脂”。随温度的变化两者的形态可以互变，但其本质不变，它们都是由脂肪酸与甘油组成。油脂来源于动、植物，是猪重要的营养物质之一，特别是它能提供比其他任何饲料都多的能量。因此就成为配合高热能饲料所必不可少的原料。营养特点主要体现在高热能值、能提供一定的必须脂肪酸来源、能促进色素和脂溶性维生素的吸收、热增耗低、可减轻猪的热应激。还有改善饲料适口性、增加采食量、防止产生粉尘、提高颗粒饲料的生产效率、减少机械磨损的作用。

(二)全价配合饲料的加工与应用

全价配合饲料有两种形态,一是粉状料,二是颗粒料,其加工工艺及加工成本有很大不同。

粉状料生产流程如下:

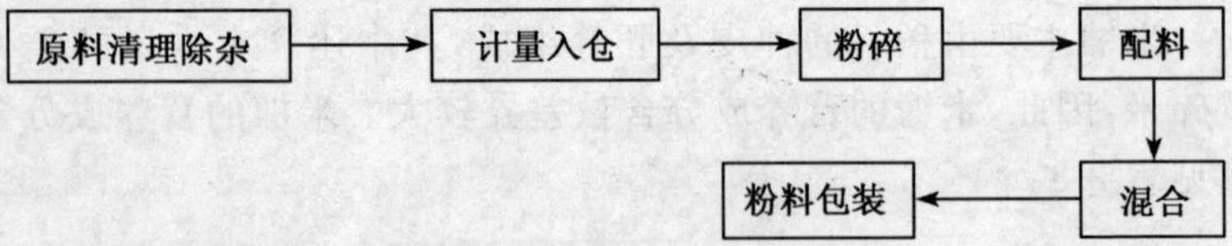

颗粒料生产流程如下:

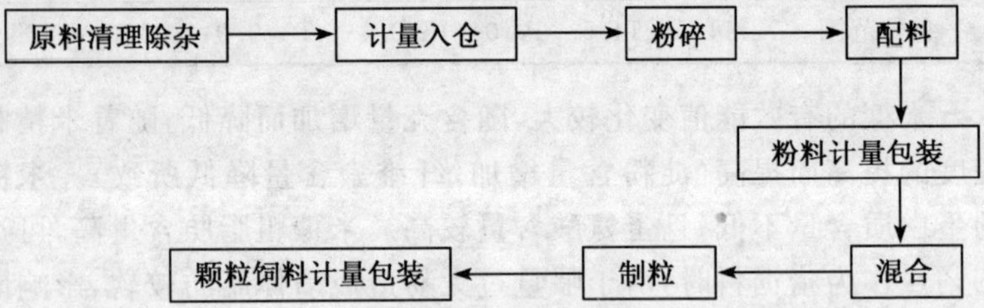

1. 颗粒料的优势　颗粒料与粉状料相比具有以下优点:提高了饲料养分消化率;杀灭原料中的有害微生物;减少饲料浪费;有利于贮存等。

2. 全价料的应用　合格的全价料已是营养平衡的日粮,正常饲养时无需再添加任何其他成分,否则增加成本不说,有可能导致中毒情况发生,使用时应注意:

(1)可以直接喂饲,不能采用蒸、煮等手段进行再加工。

(2)粉状料可拌成湿状料(料和水达到 1∶1),饲喂可减少舍内粉尘,改善环境,又能达到补水作用,但饲喂设施必须具备,是冬季喂料时的合适选择。

(3)颗粒料尽可能不用水泡,直接饲喂效果更佳。

(4)加工后的全价料做到随配随喂最好,若含有小麦成分的日粮,加工时粒度太细的粉状料不宜加水太多,否则糊嘴影响猪采食。

(5)在饲料中若添加预防或治疗药物时,选择的药物应没有不良气味或口感,否则猪采食意愿下降,影响增重及治疗效果,拌药时一定要混合均匀,特别是添加量小的药物应逐级混合稀释后再加入混合机中。

四、不同阶段猪饲料的配制要求

(一)仔猪料的配制要求

仔猪料的配制应遵循仔猪的消化生理特点和饲养标准(表2-4,仅供参考)。由于仔猪不耐低温,生长速度快,应高能量、高蛋白质。消化道发育不完善,消化机能差,消化酶如胃蛋白酶、乳糖酶分泌少,在饲料中可添加适口性好、易消化的含粗纤维少的饲料。胃酸分泌不足,在饲料中添加酸化剂;体质弱、抵抗力差,在饲料中添加抗生素和能够提高机体免疫力的多糖等。

(二)生长肥育猪饲料的配制要求

生长肥育猪饲料应按猪的生长阶段对营养物质的需要配制优质、易于消化吸收的含有不同营养物质的饲料。原因:

(1)猪的胃体积小,容纳食物有限,神经系统和抵抗力正处在逐渐完善和加强阶段;

(2)猪脱离母乳后,要适应新的饲养管理环境变化的影响;

(3)生长肥育猪机体是由肌肉、脂肪、骨骼、皮等组成,各组织成分比例,从小到大是不一样的,各部分的生长速度自始至终也不一样,体重小时以骨骼生长速度最快,肌肉次之,脂肪沉积最为缓慢;体重在40～50 kg时瘦肉型猪此时肌肉生长速度正在上升,在体重接近90 kg时才趋于缓慢;在体重90 kg时,瘦肉型猪的脂肪生长速度加快,并逐渐达到高峰,此时肌肉和骨骼生长缓慢或逐渐停止，在体重小时，为保证肌肉生长，应供给优质充足的蛋白质饲料，随着体重增加蛋白质水平逐渐下降而能量需要量越来越多，在肥育后期应供给大量含碳水化合物的饲料。

表 2-4 一些国家规定的仔猪能量、蛋白质需要量

标 准	日本(1993)			美国(1988)		前苏联(1985)		法国(1984)		英国(1981)
体重段(kg)	1~5	5~10	10~30	5~10	10~20	5~10	10~20	5~10	10~25	10~20
预期增重(kg)	0.20	0.25	0.55	0.25	0.45	0.26	0.40			
预期日采食量(kg)	0.22	0.38	1.05	0.46	0.95					
日增重/体重(%)	6.70	3.30	2.80	3.3	3.0					
日采食量/体重(%)	7.30	5.10	5.30	6.1	6.3					
营养浓度										
消化能(MJ/kg)	16.22	15.47	14.21	14.21	14.21	14.38	13.19	14.63	14.63	14.00
粗蛋白(%)	24.0	22.0	18.0	20	18	22	20	22	19	22
理想蛋白(%)								20	18	19.7
赖氨酸(%)	1.66	1.33	1.06	1.40	1.15	1.10	0.96	1.40	1.23	1.36
蛋氨酸+胱氨酸(%)	0.83	0.66	0.53	0.68	0.58	0.66	0.58	0.80	0.70	0.68
色氨酸(%)	0.25	0.20	0.16	0.20	0.18			0.25	0.22	0.19
苏氨酸(%)	1.00	0.80	0.64	0.80	0.68			0.80	0.70	0.80
精氨酸(%)				0.60	0.50			0.36	0.35	
组氨酸(%)	0.55	0.44	0.35	0.36	0.31			0.34	0.32	0.48
亮氨酸(%)	1.66	1.33	1.06	1.00	0.85			1.00	0.87	1.36
异亮氨酸(%)	0.92	0.73	0.58	0.76	0.65			0.80	0.70	0.68
苯丙氨酸+酪氨酸(%)	1.60	1.27	1.02	1.10	0.94			1.30	1.10	0.82
缬氨酸(%)	1.17	0.93	0.74	0.80	0.68			0.90	0.76	0.80

从营养角度来讲，猪肉是由饲料的营养物质转化而来的，故饲料中营养水平直接影响猪的生长肥育速度，影响饲料利用效率及肉产品的数量和质量。从生理角度来讲，可分为维持和生产两部分需要量，要想充分发挥肥育猪的生长潜力，提高增长速度，缩短肥育时间，就应该满足维持和生产两部分在体重各阶段的需要量。生长肥育猪各体重阶段的维持和生长需要量见表 2-5

表 2-5　瘦肉型生长肥育猪饲养标准（每千克饲料养分含量）

指标	体重(kg)			
	5～10	10～20	20～60	60～90
消化能(MJ)	15.20	13.90	13.02	13.02
粗蛋白质(%)	22	19	16	14
钙(%)	0.83	0.64	0.60	0.50
磷(%)	0.63	0.54	0.50	0.40
食盐(%)	0.26	0.23	0.23	0.25

(三)妊娠母猪饲料配制要求

妊娠母猪需要足够的能量和氨基酸来满足胎儿发育的营养需要，同时要保持自身生理的营养需要。繁殖过程中妊娠或泌乳的营养需要受前一次妊娠或泌乳时营养状况的影响，因此饲喂时必须考虑母猪整个繁殖寿命，而不是单个的怀孕期。根据胎儿的生长发育规律、母猪体重增长规律等，一般妊娠母猪前期需要的营养少，随着妊娠期的增加，营养需要量也随着增加，特别是后期需要量更大。一般妊娠饲粮分为妊娠前期(配种到妊娠 80 d)和妊娠后期(妊娠 80 d 到分娩)两个阶段饲养标准配制饲料。不过现在也有人提出妊娠母猪日粮要分为 4 个阶段，分别是 0～21 d、22～45 d、46～90 d、91～107 d，最后一周逐渐减料。妊娠母猪的营养标准见表 2-6 至表 2-8。

表 2-6 妊娠母猪的营养标准(每千克饲料养分含量)

指 标	妊娠前期	妊娠后期
消化能(MJ)	11.76	11.76
粗蛋白质(%)	11.0	12.0
钙(%)	0.61	0.61
磷(%)	0.49	0.49
食盐(%)	0.32	0.32

表 2-7 五国标准规定的妊娠母猪的能量、粗蛋白需要量

标 准	体重段(kg)	采食量(kg/d)	消化能(MJ/d)	粗蛋白(g/d)	粗蛋白占饲粮百分比(%)
NRC(1988)	120(142.5)	1.8	24.36	216	12
	140(162.5)	2.0	26.32	228	12
	160(182.5)	2.2	28.29	240	12
ARC(1981)	140	2.0	25.99	260	13
AFRC(1984)	140	2.5	31.39	300	12
日本(1993)	155	1.99	25.57	248	12.5
前苏联(1985)	120～141	2.20/2.98	23.86/31.05	266/360	12.1
	141～160	2.44/3.20	25.40/33.48	294/386	12.0
	161～180	2.66/3.42	27.71/35.62	321/413	12.1
	181～200	2.87/3.54	29.92/36.87	346/427	12.1
	201～240	2.98/3.64	31.05/37.92	360/440	12.1
	240	3.10/3.76	32.31/39.17	374/454	12.1

注:前苏联中,两个数字分别为前期 84 d 值,后期 30 d 值。

妊娠母猪的维持需要可按常规计算,生产需要应按增重计算。母猪在妊娠期间,体重一般增加 30～50 kg(青年母猪增加较多,成年母猪增加较少),妊娠前期增重约为 40%,后期增重约为前期的 140%(青年母猪约为 150%),这主要是因为胚胎前期增重发育较慢,后期较快的缘故。据统计证明,妊娠母猪每增重 1 kg 体重,约需消化能 28.03 MJ。

表 2-8 妊娠母猪每天总氨基酸需要量 g/d

指 标	配种体重(kg)					
	125	150	175	200	200	200
	妊娠增重(kg)					
	55	45	40	35	30	35
	预期产仔数(头)					
	11	12	12	12	12	14
精氨酸	1.3	0.5	0.0	0.0	0.0	0.0
组氨酸	3.6	3.4	3.3	3.2	3.0	3.2
异亮氨酸	6.4	6.0	5.9	5.7	5.4	5.8
亮氨酸	9.9	9.0	8.6	8.2	7.7	8.3
赖氨酸	11.4	10.6	10.3	9.9	9.4	10.0
蛋氨酸	2.9	2.7	2.6	2.6	2.4	2.6
蛋氨酸＋胱氨酸	7.3	7.0	6.9	6.8	6.5	6.9
苯丙氨酸	6.3	5.8	5.6	5.4	5.0	5.4
苯丙氨酸＋酪氨酸	10.6	9.9	9.6	9.4	8.9	9.5
苏氨酸	8.6	8.3	8.3	8.2	7.8	8.3
色氨酸	2.2	2.0	2.0	1.9	1.8	2.0
缬氨酸	7.6	7.0	6.8	6.6	6.2	6.7

(四)泌乳母猪饲料配制要求

泌乳母猪饲料根据泌乳母猪的饲养标准(表 2-9、表 2-10)配制,根据泌乳母猪的生理需要配制。

配制的饲料应满足维持、生长和泌乳营养需要。如不能满足需要时,母猪易掉膘。据统计,生产 1 kJ 乳能需要 5.86 kJ 的饲料消化能或 5.02 kJ 的体脂肪能。母猪每减重 1 kg 约可产生 33.43 MJ 乳能,或相当于 45.82 MJ 的饲料转化能。而生产 1 kg 猪乳约需 7.66 MJ 的消化能或相当于 160 g 的体脂肪。

表 2-9 泌乳母猪的饲养标准

指 标	分娩前体重(kg)					
	175	175	175	175	175	175
	预期的泌乳期体重变化(kg)					
	0	0	0	−10	−10	−10
	仔猪日增重(g)					
	150	200	250	150	200	150
消化能(MJ/kg)	14.23	14.23	14.23	14.23	14.23	14.23
代谢能(MJ/kg)	13.66	13.66	13.66	13.66	13.66	13.66
消化能进食量(MJ/kg)	61.27	76.17	91.06	50.71	65.61	80.50
代谢能进食量(MJ/kg)	58.83	73.12	87.42	48.68	62.99	77.28
采食量(g/d)	4.31	5.35	6.40	3.56	4.61	5.66
粗蛋白(%)	16.3	17.5	18.4	17.2	18.5	19.2

表 2-10 泌乳母猪每天总氨基酸需要量 g/d

指 标	分娩前体重(kg)					
	175	175	175	175	175	175
	预期的泌乳期体重变化(kg)					
	0	0	0	−10	−10	−10
	仔猪日增重(g)					
	150	200	250	150	200	150
精氨酸	0.40	0.48	0.54	0.39	0.49	0.55
组氨酸	0.32	0.36	0.38	0.34	0.38	0.40
异亮氨酸	0.45	0.50	0.53	0.50	0.54	0.57
亮氨酸	0.86	0.97	1.05	0.95	1.05	1.12
赖氨酸	0.82	0.91	0.97	0.89	0.67	1.03
蛋氨酸	0.21	0.23	0.24	0.22	0.24	0.26
蛋氨酸＋胱氨酸	0.40	0.44	0.46	0.44	0.47	0.49
苯丙氨酸	0.43	0.48	0.52	0.47	0.52	0.55
苯丙氨酸＋酪氨酸	0.90	1.00	1.07	0.98	1.08	1.14
苏氨酸	0.54	0.58	0.61	0.58	0.63	0.65
色氨酸	0.15	0.16	0.17	0.17	0.18	0.19
缬氨酸	0.68	0.76	0.82	0.76	0.83	0.88

(五)种公猪饲料的配制要求

种公猪饲料按种公猪的饲养标准配制(表 2-11)。

表 2-11 种公猪饲养标准 %

指 标	90 kg 以下	90 kg 以上
粗蛋白质	14.0	12.0
钙	0.66	0.66
磷	0.53	0.53
食盐	0.35	0.35

注:所配饲料可以略高于此标准。

种公猪的饲料要求具有高营养浓度的饲料为其配制能量、蛋白质、维生素和矿物质等含量丰富的饲料。日粮中消化能不应低于 13.81 MJ/kg,粗蛋白质含量不应低于 15%。

饲料要少而精,要少加青粗饲料,粗纤维的比例不应超过 5%。青粗饲料过多则影响种公猪的生长和精液的数量及质量,会使公猪变得腹部过大下垂,影响其配种效果;在配种期,种公猪饲料还应给予额外粗蛋白质。

种公猪饲料应适口性好,易于消化。不能加入含有毒物质的饲料,应把有毒饲料先脱毒后再使用,更不应加入发霉变质的饲料。

在常年封闭饲养条件下,种公猪的饲料中还应加入大量的维生素 A 和维生素 D 等。

本章重点提示

1. 在使用预混料和浓缩料时要严格按照推荐配方使用，以免造成营养物质的缺乏或过量。

2. 重视霉菌毒素的危害。

案例：2003 年、2005 年度，河南省及邻近省份玉米收获时遭遇连阴雨天气，使大部分玉米受潮发霉，一些猪场深受其害，特别是一些中小猪场。导致猪群生长缓慢、发病率上升、母猪繁殖障碍、小母猪假性发情等现象大面积发生，其罪魁祸首就是霉变玉米。

第三章 猪养殖设施化

本章知识新亮点：采用先进设备设施，提高养殖效益

目前猪生产中存在由于设备设施简陋，导致猪生产潜能得不到充分发挥的问题。生产中采用先进的设备设施，有助于进一步提高养殖的经济效益。

对猪舍进行防寒保暖、防暑降温改造，增加密闭性，同时改善通风和光照，创造适宜的环境；病猪隔离间及粪便堆存处应远离生产区。

总之，要依据有利于疾病控制、减少污染、提高生产性能同时减轻劳动量的原则进行猪场设施设计和规划。

一、环境因素对猪的影响

影响猪只的环境因素主要有以下几个方面：

（一）温度

（1）温度是影响猪只健康和生产力的重要因素。猪是恒温动物，在一定范围内的环境温度下，通过自身的调节作用来保持体温的恒定。

猪体的产热与散热是对环境适应的一种调节手段。因此，当环境温度适宜时，猪体产热量少，散热量也最少，最容易保持体温正常。猪也存在一个感到舒适的温度范围，在生理上把这个温度范围叫“等热区”。

将环境温度控制在最适于猪只生存和生产的范围之内，是少用饲料并能得到更多产品的有效措施。随着猪只体重和日龄的增长，所需要的环境温度逐渐降低。

猪所采食的能量除用于活动维持消耗以外，在有剩余的状况下，才能用于生产产品。过低或过高的环境温度，都会使猪只的耗料量增加和生产力下降。例如，在温度适宜的情况下，如下降1℃，猪的日增重约减少 17.8 g。当温度由 12℃下降 1℃时，猪只为达到同样的增重，每天每千克体重要多消耗 1.3 g 饲料。

(2)温度对生长肥育猪的增重产生显著影响。猪在不同温度下的增重和饲料利用情况如图 3-1 所示。可见，在温度 17～18℃的情况下，猪的日增重高达 1 kg，饲料利用率为 30%，即每千克增重需要 3.3 kg 饲料。如低于或高于这样的温度，猪的日增重和饲料利用率都低。

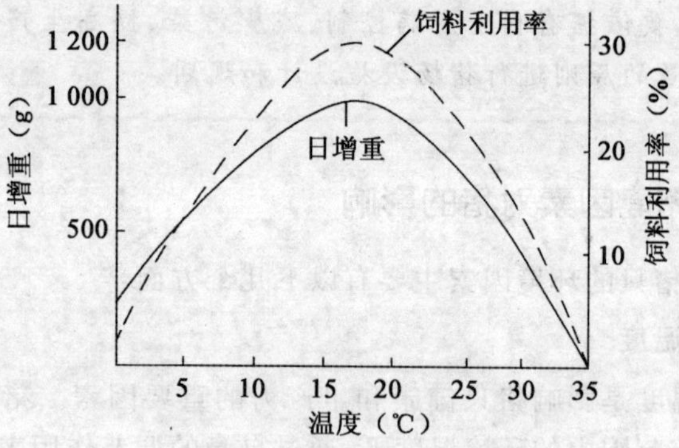

图 3-1　100 kg 猪在不同温度下的增重比较

（引自李炳坦《养猪生产技术手册》，2004）

(3)温度季节性变化对猪的繁殖产生一定的影响，尤其是在过高的温度下，对种猪的繁殖力有明显不良影响，致使各种性激素分泌减少，精、卵细胞发育受阻。

温度对后备母猪的影响：环境温度在 26.4℃下饲养的后备母猪，出现发情的月龄较饲养在 5℃下的母猪有所提前，活胚胎数有所增加；在环境温度 26.7℃下饲养的初产母猪，受胎率高于在温度 30.0～33.3℃下饲养的母猪(表 3-1)。

表 3-1　环境温度对初产母猪的影响

(引自李炳坦《养猪生产技术手册》,2004)

项　目	温度(℃)		
	26.7	30.0	33.3
初产母猪头数	74	80	80
配种头数	74	78	73
怀孕头数	67	67	62
受胎率(%)	90.5	85.9	84.6

温度对成年母猪的影响：在环境温度过高的情况下，对母猪的配种、妊娠、产仔均有不良的影响(表 3-2)。

表 3-2　环境温度对母猪受胎率的影响

(引自李炳坦《养猪生产技术手册》,2004)

项　目	温度(℃)		
	26.6	30.0	33.3
受胎率(%)	90.5	84.8	76.7
每头母猪排卵数	14.2	13.6	13.2
活胚胎数	10.3	9.7	9.6

温度对精液品质的影响：正常情况下，公猪的睾丸温度比体温低 4～7℃。公猪的阴囊同其他哺乳动物一样，有特殊热调节能力，而高温环境引起睾丸温度的升高，会导致精液品质和繁殖力下降(表 3-3)；温度过高还会导致公猪射精量、精子数量和受胎率下降。

表 3-3 不同温度下公猪的配种成绩

（引自李炳坦《养猪生产技术手册》,2004）

试验组别		10～5月份			6～9月份		
		输精头数	母猪分娩(%)	平均产仔数	输精头数	母猪分娩(%)	平均产仔数
经产母猪	舍外饲养	6 475	58.2	10.41	3 013	48.0	9.72
	舍内控制温度	6 890	61.1	10.61	2 829	56.3	10.30
初产母猪	舍外饲养	2 882	49.41	8.29	1 253	43.2	7.84
	舍内控制温度	2 958	52.25	8.48	1 159	46.3	8.66

(4)运输中环境温度对猪的影响。在运送肥猪、引进种猪和购入仔猪过程中,往往造成猪只体重下降,抗病力降低,甚至死亡,运输中的温度和密度是重要原因之一。夏季应选择在早、晚凉爽的时间运输;冬天宜选择在中午较温暖的时间运输。在温度10℃运输时猪的死亡率较低,在同样温度下,运输距离越远其死亡率越高。

(二)湿度

在生产中多以相对湿度来衡量空气潮湿的程度。相对湿度是指空气中实际水气压与同温度下饱和水气压之比,用百分率来表示。

1. *猪舍湿气的来源*　猪舍内湿气是水或潮湿物体上的水分蒸发而形成的。蒸发过程决定于空气的温度、湿度和流动速度,同时与大气压力和养猪的密度等条件有关。猪舍空气中的水汽主要来自于猪呼吸和排泄粪尿所排出的水汽,有地面、潮湿的垫草、墙壁和设备表面蒸发的水分以及随空气进入猪舍的外界水分。

2. *湿度对猪的影响*　高湿和低湿对猪的健康和生产力都有不良的影响。大多数猪适宜的湿度在40%～80%。

(1)影响生长发育和繁殖。根据在气温相同而湿度不同猪舍中的试验,在相对湿度高的情况下,试验仔猪30日龄体重比在相对湿度低的情况下低2.46 kg,增重速度低34.1%。在干燥猪舍中饲养的母猪，比在阴暗潮湿猪舍中饲养的母猪产仔数提高23.1%，仔猪断奶窝重提高18.1%。

(2)影响健康。猪舍内湿度过大，可降低猪的抵抗力，使发病率提高。高湿有利于各种病原菌的生存和繁殖，仔猪副伤寒、丹毒、仔猪下痢、疥癣和其他寄生虫都很容易蔓延。据报道，大雨过后，日温差在10℃以上，相对湿度增加20%左右时，下痢仔猪增加1～8倍。

在低温高湿情况下，猪易患呼吸道疾病、感冒和风湿疾病等。高温低湿情况下，空气干燥，由于水分的蒸发，易使猪皮肤和外露黏膜干裂，患呼吸道疾病。

(3)影响圈舍保温。潮湿空气的导热能力约为干燥空气的10倍，猪舍湿度越大，保温性能越差，猪体散失的热量越多，猪就会感到寒冷。

(三)光照

光照对猪的生长发育、健康和生产力有一定影响。在猪舍中，适宜的光照无论是对猪只生理机能的调节，还是对工作人员进行生产操作均很重要。

1. *光照对猪的影响*　适度的太阳光照对猪只有良好作用，可使辐射能变为热能，使皮肤温暖，毛细血管扩张，加速血液循环，促进皮肤的代谢过程，改善皮肤的营养。紫外线能使皮肤中的7-脱氢胆固醇转变成维生素D_3，促进钙、磷的代谢，增强机体组织的代谢过程和提高抗病能力。但过度的太阳光照，可破坏组织细胞，使皮肤损伤，影响机体热调节，使体温升高，患日射病，对眼睛有伤害作用。

2. *光照方式*　光照按照光源分为自然光照和人工照明。自然光照节约能源，但光照强度和时间随季节和天气而变化，难以控制，猪舍内照度也不均匀，特别是跨度较大的猪舍，中央地带和北侧照度更差。当自然光照不能满足猪舍内的照度要求时，以及在无窗式猪舍中，则需采用人工照明。人工照明的强度和时间，可以根据猪群要求进行控制。

(1)自然采光设计：自然采光常用窗地比(门窗等透光构件的有效透光面积与猪舍地面面积之比，亦称采光系数)来衡量。一般情况下，成年母猪、育肥猪窗地比为 1∶(12～15)，培育仔猪为 1∶10，哺乳母猪、哺乳仔猪、种公猪为 1∶(10～12)。根据这些参数即可确定猪舍窗户的面积。窗户数量、形状和位置，关系到舍内光照和通风是否均匀。自然采光猪舍入射角要求不小于 45°，透光角要求不小于 25°(图 3-2)。

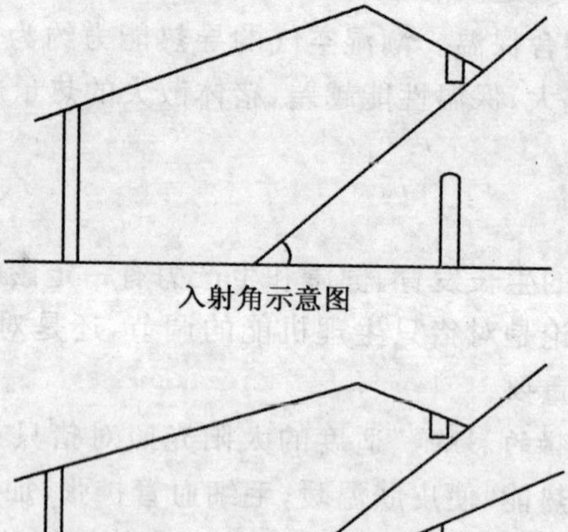

入射角示意图

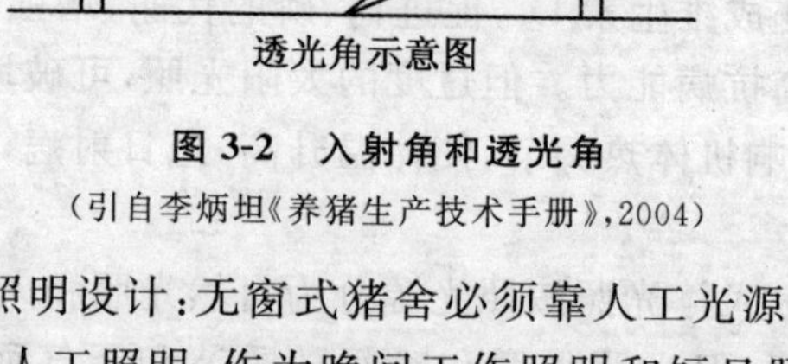

透光角示意图

图 3-2　入射角和透光角

(引自李炳坦《养猪生产技术手册》，2004)

(2)人工照明设计：无窗式猪舍必须靠人工光源照明，自然光照猪舍也需设人工照明，作为晚间工作照明和短日照季节的补充光照。人工照明设计应保证猪床照度均匀，满足猪群的光照需要。一般情况下，各类猪在饲养管理操作面上的照度要求如下：育肥猪为30～50 lx，其他猪群为50～100 lx。无窗式猪舍的人工照明时间，育肥猪为8～12 h，其他猪群为14～18 h，一般采用白炽灯或荧光灯。

（四）噪声

猪舍的噪声有多种来源，一是从外界传入，如外界工厂传来的噪声，飞机、车辆产生的噪声等；二是舍内机械产生的，如风机、清粪机械等；三是人的操作和猪自身产生的，如清扫圈舍、加料、添水，猪的采食、饮水、走动、哼叫等。猪舍噪声不能超过80～85 dB。饲养管理的各环节应尽量减少噪声的产生。

（五）有害生物

猪舍中的有害生物主要包括病原微生物、媒介生物和有害动物等。

1. *病原微生物* 猪舍中的微生物除由舍外带入外，由于猪只在舍内活动、吃食、排泄以及饲养管理过程，会有大量灰尘和微生物产生，特别是在密闭式猪舍采取干粉料喂猪的情况下，舍内的灰尘和微生物更易于产生和存活。

空气中微生物类群一般情况下大多为腐生菌，还有球菌、放线菌、酵母菌等。在有疫病流行的地区，空气中还会有病原微生物。猪只打喷嚏、咳嗽、鸣叫时可喷出大量飞沫，多种病原菌可存在其中，引起病原菌传播。通过粉尘传播的病原体，一般对外界环境条件抵抗力较强，如结核菌、链球菌、绿脓球菌、葡萄球菌、丹毒和破伤风杆菌、炭疽芽孢、气肿疽梭菌等，猪的炭疽病就是通过粉尘传播的。通过飞沫传播的，主要是呼吸道传染病，如气喘病、流行性感冒等。

2. *媒介生物和啮齿动物* 媒介生物是指传播疾病的节肢动物。传播疾病的节肢动物也称病媒昆虫，包括蚊、蝇、白蛉、蚤、虱、虻、蚋、蠓、蜱和螨等。由媒介生物传播的疾病，包括由病毒、立克次体、细菌、螺旋体、原虫及蠕虫等病原体所引起的疾病。同时，蚊、蝇及寄生虫还直接破坏猪的正常生活秩序，导致生产效率低下。

啮齿动物是鼠疫、钩端螺旋体病、流行性出血热等多种疾病病原体的贮存宿主，也是蚤、蜱、螨等多种媒介昆虫的宿主。通过老鼠体外寄生虫叮咬等方式，可传播猪瘟、口蹄疫、伪狂犬、萎缩性鼻炎、弓形虫、鼠疫、钩端螺旋体病、地方性斑疹、伤寒、流行性出血热、弓浆虫病、野兔热、蜱传回归热、恙虫病、森林脑炎、吸血虫病、鼠咬热和肠道传染病等 30 多种疫病。同时，老鼠还直接造成饲料损失及其他损害。因此，媒介生物和啮齿动物是养猪场不可忽视的有害生物。

二、猪场选址及规划

猪场场址的选择应根据猪场的性质、规模和任务，对地形地势、水源、土质、当地气候等自然条件，以及饲料能源供应、交通运输、与周边单位、居民区的距离、当地农业生产、猪场废物能否就地处理等社会条件全面考虑、综合分析。

1. 地形地势　猪场一般要求地形整齐开阔，地势较高、干燥、平坦或有缓坡，背风向阳。

2. 交通运输　猪场必须选在交通便利的地方。但因猪场的防疫需要和对周围环境的污染，又不可太靠近主要交通干道，最好离主要干道 400 m 以上，同时，要距离居民点 500 m 以上。如果有围墙、河流、林带等屏障，则距离可适当缩短些。禁止在旅游区及工业污染严重的地区建场。

3. 水源水质　猪场水源要求水量充足，水质良好，便于取用和进行卫生防护。水源水量必须能满足场内生活用水、猪只饮用及饲养管理用水（如清洗调制饲料、冲洗猪舍、清洗机具、用具等）的要求。

4. 场地面积　猪场占地面积依据猪场生产的任务、性质、规模和场地的总体情况而定。生产区面积一般可按每头繁殖母猪40～50 m^2 或每头上市商品猪 3～4 m^2 计划。

5. 土质　猪场的土壤应该是透气透水性强、吸湿性和导热性小、质地均匀、抗压性强的土壤。

6. 社会条件　猪场的饲料和商品猪等进出量较大，故应建在交通比较方便的地区，但应避开交通主要干道。

三、猪场内部的规划和布局

猪场的规划和布局总的原则是，在保证防疫卫生要求的前提下，按最佳生产联系安排各功能区和各类建筑物的位置(图 3-3)。

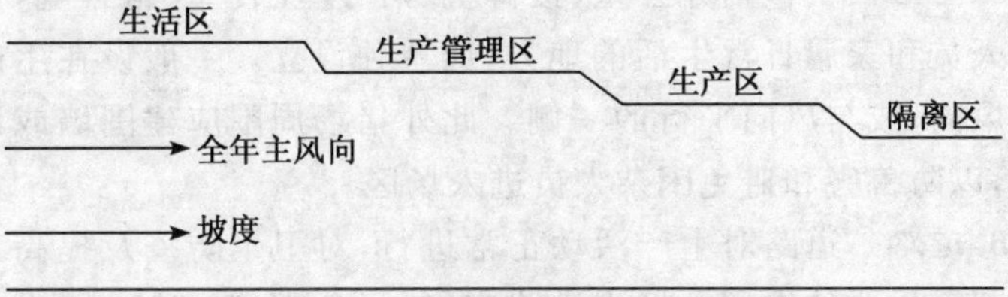

图 3-3　猪场总体分布规划示意图

(引自李同洲《科学养猪》,2001)

1. 生产区　生产区包括各类猪舍和生产设施，这是猪场中的主要建筑区，一般建筑面积占全场总建筑面积的 70%～80%。种猪舍要求与其他猪舍隔开，形成种猪区。种猪区应设在人流较少和猪场的上风向，种公猪在种猪区的上风向，防止母猪的气味对公猪形成不良刺激，同时可利用公猪的气味刺激母猪发情。分娩舍既要靠近妊娠舍，又要接近培育猪舍。育肥猪舍应设在下风向，且离出猪台较近。在设计时，使猪舍方向与当地夏季主导风向成30°～60°角，使每排猪舍在夏季得到最佳的通风条件。总之，应根据当地的自然条件，充分利用有利因素，从而在布局上做到对生产最为有利。在生产区的入口处,应设专门的消毒间或消毒池,以便进入生产区的人员和车辆进行严格的消毒。

2.饲养管理区　饲养管理区包括猪场生产管理必需的附属建筑物,如饲料加工车间、饲料仓库、修理车间、变电所、锅炉房、水泵房等。它们和日常的饲养工作有密切的关系,所以这个区应该与生产区毗邻建立。

3.病猪隔离间及粪便堆存处　病猪隔离间及粪便堆存处这些建筑物应远离生产区,设在下风向、地势较低的地方,以免影响生产猪群。

4.兽医室　应设在生产区内,只对区内开门,为便于病猪处理,通常设在下风向。

5.生活区　包括办公室、接待室、财务室、食堂、宿舍等,这是管理人员和家属日常生活的地方,应单独设立。一般设在生产区的上风向,或与风向平行的一侧。此外猪场周围应建围墙或设防疫沟,以防兽害和避免闲杂人员进入场区。

6.道路　道路对生产活动正常进行,对卫生防疫及提高工作效率起着重要的作用。场内道路应净、污分道,互不交叉,出入口分开。净道的功能是人行和饲料、产品的运输,污道为运输粪便、病猪和废弃设备的专用道。

7.水塔　设水塔是清洁饮水正常供应的保证,位置选择要与水源条件相适应,且应安排在猪场最高处。

8.绿化　绿化不仅美化环境,净化空气,也可以防暑、防寒,改善猪场的小气候,同时还可以减弱噪声,促进安全生产,从而提高经济效益。因此在进行猪场总体布局时,一定要考虑和安排好绿化。

生产线型系统猪舍平面布局,因其建筑用地少,投资省,是值得推广的一种布局模式。见图 3-4(仅供参考)。

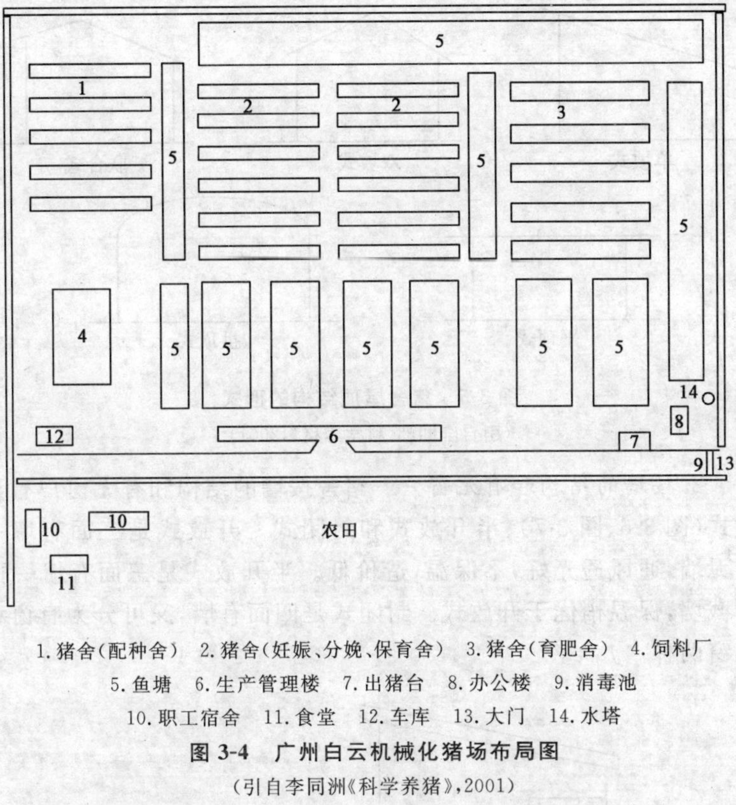

1. 猪舍(配种舍)　2. 猪舍(妊娠、分娩、保育舍)　3. 猪舍(育肥舍)　4. 饲料厂
5. 鱼塘　6. 生产管理楼　7. 出猪台　8. 办公楼　9. 消毒池
10. 职工宿舍　11. 食堂　12. 车库　13. 大门　14. 水塔

图 3-4　广州白云机械化猪场布局图

(引自李同洲《科学养猪》,2001)

四、猪舍的形式

猪舍按屋顶形式、墙壁结构和有无窗户、猪栏排列等可分为多种形式。

1. *按屋顶形式*　猪舍按屋顶形式有单坡式、双坡式等,见图3-5。单坡式一般跨度小,结构简单,造价低,光照和通风好,适合小规模猪场。双坡式一般跨度大,双列猪舍和多列猪舍常用该形式,其保温效果好,但投资较多。

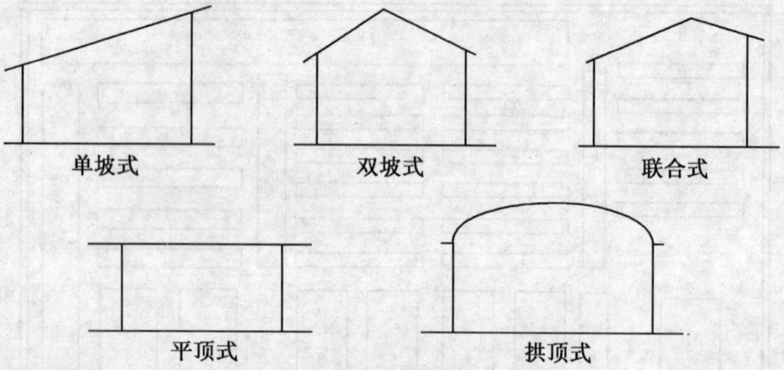

图 3-5 猪舍屋顶结构的形式

（引自李同洲《科学养猪》，2001）

2. 按墙的结构和有无窗户　猪舍按墙的结构和有无窗户有开放式（图 3-6、图 3-7）、半开放式和封闭式。开放式是三面有墙一面无墙，通风透光好，不保温，造价低。半开放式是三面有墙一面半截墙，保温稍优于开放式。封闭式是四面有墙，又可分为有窗和无窗两种。

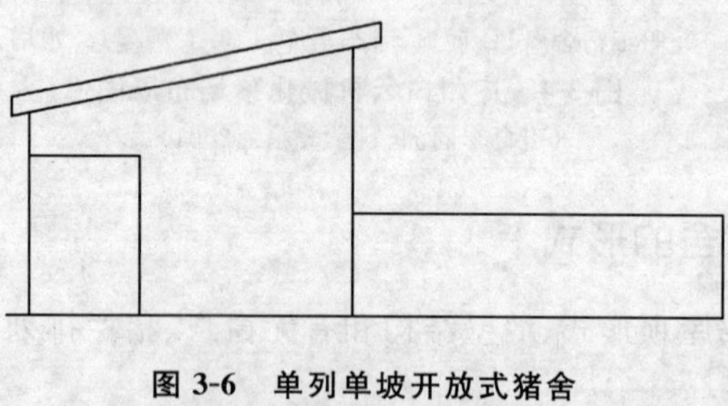

图 3-6 单列单坡开放式猪舍

（引自李同洲《科学养猪》，2001）

3. 按猪栏排列　猪舍按猪栏排列有单列式（图 3-8）、双列式（图 3-9）和多列式。单列式猪舍，跨度小。结构简单，省工、省料、造价低，但建筑面积利用率低，送料、给水等不利于采用机械化。

这种猪舍适用于饲养种猪。双列式猪舍，猪栏排成两列，在中间设走道，在两边设清粪通道。这种猪舍的建筑面积利用率较高，管理方便，保温性能好，便于采用机械化。多列式猪舍，猪栏排成3列或4列，这种猪舍建筑面积利用率高，猪栏集中，养猪数量多，保温性能好，管理方便，缺点是采光差，舍内阴暗潮湿，通风不良，卫生条件差。

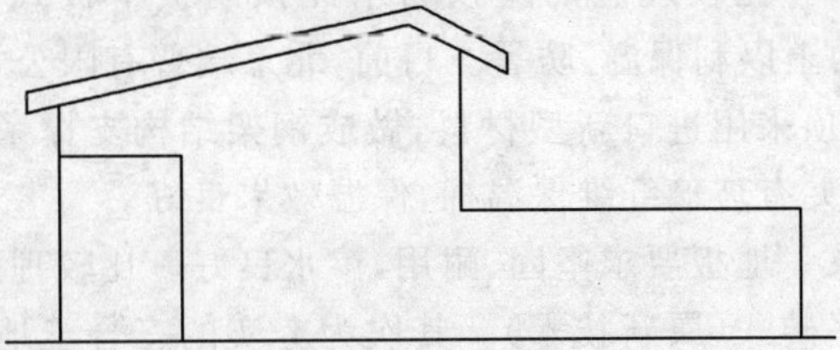

图3-7　单列不等坡开放式猪舍

（引自李同洲《科学养猪》，2001）

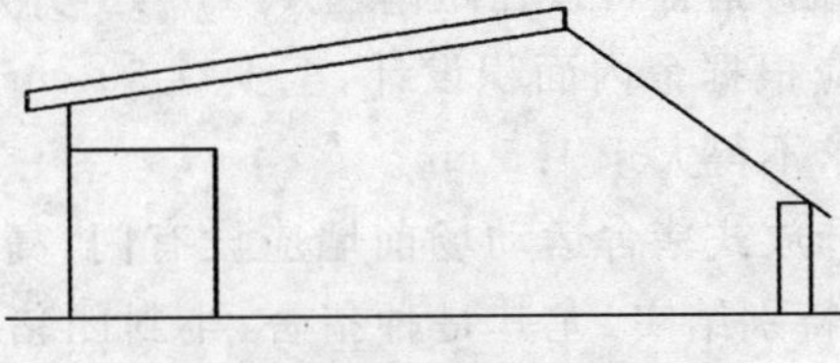

图3-8　单列单坡开放式猪舍

（引自李同洲《科学养猪》，2001）

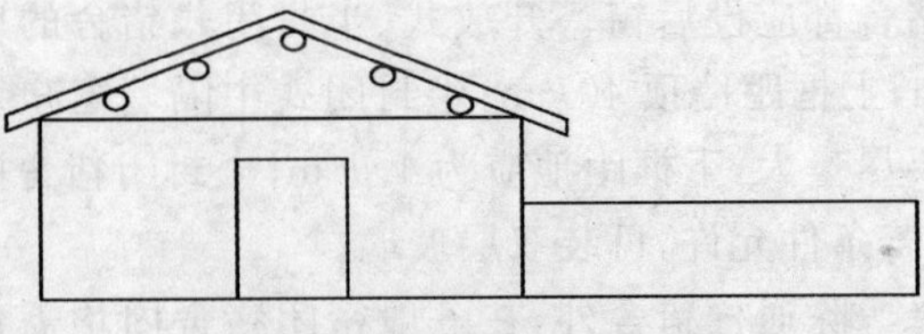

图3-9　双列双坡开放式猪舍

（引自李同洲《科学养猪》，2001）

五、猪舍的基本结构

一个完整的猪舍，主要由墙壁、屋顶、地板、门窗、粪尿沟、隔栏等部分构成。

1. 墙壁　墙壁要求坚固、耐用、保温性好。比较理想的墙壁为砖砌墙，要求水泥勾缝，离地 0.8～1.0 m 水泥抹面。

2. 屋顶　比较理想的屋顶为水泥预制板平板式，并加 15～20 cm 厚的土以利保温、防暑。目前，北京瑞普有限公司的新技术产品，其屋顶采用进口新型材料，做成钢架结构支撑系统、瓦楞钢房顶板，并夹有玻璃纤维保温棉，保温效果良好。

3. 地板　地板要求坚固、耐用，渗水良好。比较理想的地板是水泥勾缝平砖式（属新技术）。其次为夯实的三合土地板，三合土要混合均匀，湿度适中，切实夯实。

4. 粪尿沟　开放式猪舍粪尿沟要求设在前墙外面；全封闭、半封闭（冬天扣塑棚）猪舍可设在距南墙 40 cm 处，并加盖漏缝地板。粪尿沟的宽度应根据舍内面积设计，至少有 30 cm 宽。漏缝地板的缝隙宽度要求不得大于 1.5 cm。

5. 门窗　开放式猪舍运动场前墙应设有门，高 0.8～1.0 m，宽 0.6 m，要求特别结实，尤其是种猪舍；半封闭猪舍则与运动场的隔墙上开门，高 0.8 m，宽 0.6 m；全封闭猪舍仅在饲喂通道侧设门，门高 0.8～1.0 m，宽 0.6 m。通道的门高 1.8 m，宽 1.0 m。无论哪种猪舍都应设后窗。开放式、半封闭式猪舍的后窗长与高皆为 40 cm，上框距墙顶 40 cm；半封闭式中隔墙窗户及全封闭猪舍的前窗要尽量大，下框距地应为 1.1 m；全封闭猪舍的后墙窗户可大可小，若条件允许，可装双层玻璃。

6. 隔栏　除通栏猪舍外，在一般密闭猪舍内均需建隔栏。隔栏材料基本上是两种，砖砌墙水泥抹面及钢栅栏。纵隔栏应为固定栅栏，横隔栏可为活动栅栏，以便进行舍内面积的调节。

六、猪舍的类型

猪舍的设计与建筑，首先要符合养猪生产工艺流程，其次要考虑各自的实际情况。黄河以南地区以防潮隔热和防暑降温为主；黄河以北则以防寒保温和防潮防湿为重点。

1.公猪舍　公猪舍一般为单列半开放式，一圈一头，舍内温度要求15～20℃，风速为0.2 m/s，内设走廊，外有小运动场，以保证种公猪的运动量，保持和增加公猪。公猪栏要求比母猪和肥育猪栏宽，面积为7～9 m^2，隔栏高度为1.2～1.4 m，如图3-10所示。

2.空怀、妊娠母猪舍　空怀、妊娠母猪最常用的一种饲养方式是分组大栏群饲，一般每栏饲养空怀母猪4～5头、妊娠母猪2～4头。妊娠后期母猪限位，限位栏饲养的母猪基本都设计漏缝地板，分为全漏缝和半漏缝，见图3-11。猪舍可采用不同程度的开放型式样，如开放式、半开放式(图3-12)和简易封闭式等。圈栏的结构有实体式、栏栅式、综合式3种，猪圈布置多为单走道双列式。猪圈面积一般为7～9 m^2，地面坡降不要大于1/45，地表不要太光滑，以防母猪跌倒，也有用单圈饲养，一圈一头。舍温要求15～20℃，风速为0.2 m/s。

3.分娩哺育舍　分娩哺育舍是供母猪分娩、哺育仔猪用，其设计既要满足母猪的需要，又要兼顾仔猪的要求。舍内设有分娩栏，布置多为两列或三列式。舍内温度要求15～20℃，风速为0.2 m/s。分娩栏位结构也因条件而异。

采用单体栏，中间部分是母猪限位架，两侧是仔猪采食、饮水、取暖等活动的地方。母猪限位架的前方是前门，前门上设有食槽和饮水器，供母猪采食、饮水，限位架后部有后门，供母猪进入及清粪操作。可在栏位后部设漏缝地板，以排除栏内的粪便和污物。

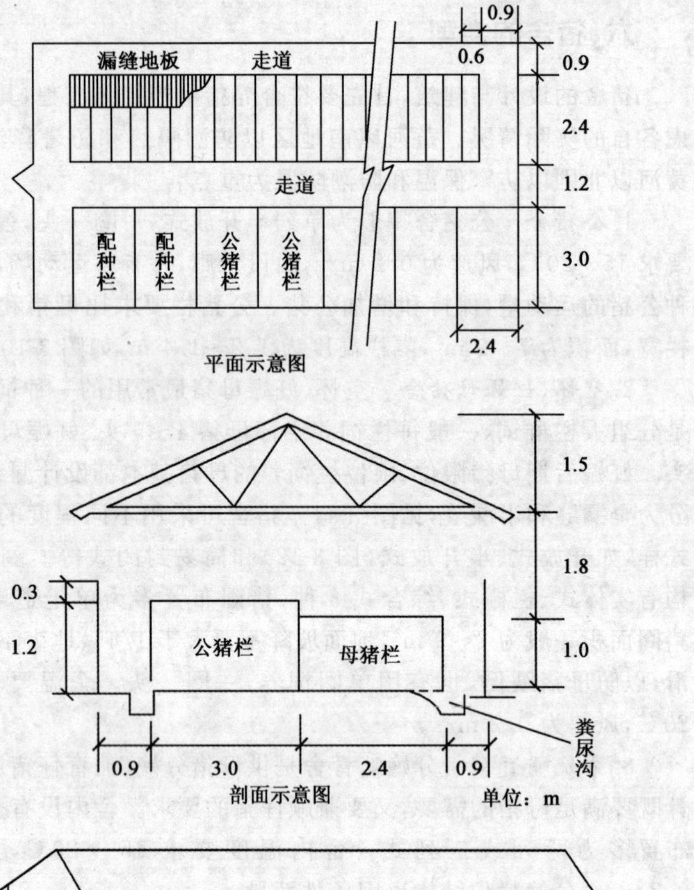

图 3-10　配种公母猪舍的配置

（引自程德君《现代化养猪生产技术》，2003）

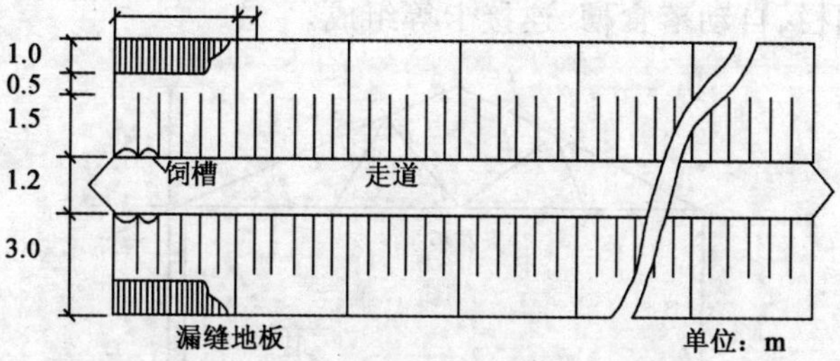

图 3-11　半漏缝限位采食妊娠猪舍平面示意图

（引自程德君《规模化养猪生产技术》，2003）

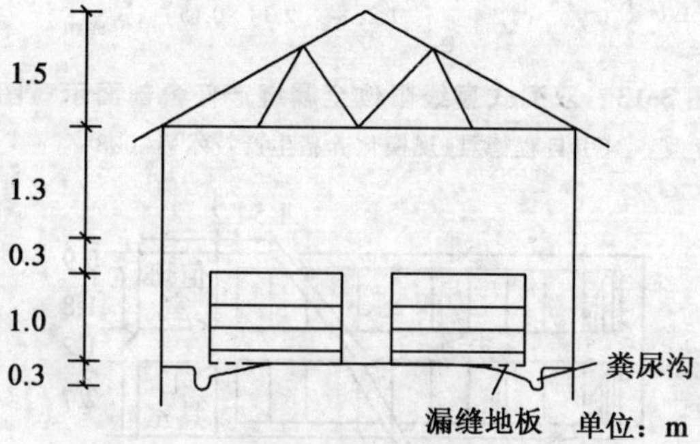

图 3-12　半开放式妊娠母猪舍剖面示意图

（引自程德君《规模化养猪生产技术》，2003）

产仔舍内猪栏目前一般采用全漏缝或半漏缝地面，猪舍有单列式、双列式和多列式，见图 3-13。

4. 仔猪保育舍　仔猪断奶后就转入仔猪保育舍。猪舍可采用双列式全漏缝仔猪舍和多列式半漏缝仔猪舍等类型，见图 3-14。断奶仔猪由于身体各机能发育不完全，体温调节能力差，所以舍内温度要求 26～30℃，风速为 0.2 m/s。通常仔猪保育舍可采用地面或网上群养。网上保育栏，1～2 窝一栏网上饲养，用自动落料食槽，自由采食。网上培育，减少了仔猪疾病的发生，有利于仔猪健康，提高了仔猪成活率。仔猪保育栏主要由钢筋编织的漏缝地板网、围栏、自动落食槽、连接卡等组成。

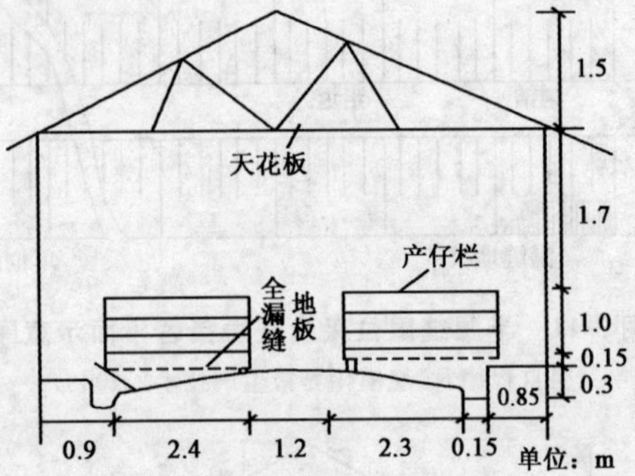

图 3-13　双列式直线限位全漏缝产仔舍剖面示意图

(引自程德君《规模化养猪生产技术》,2003

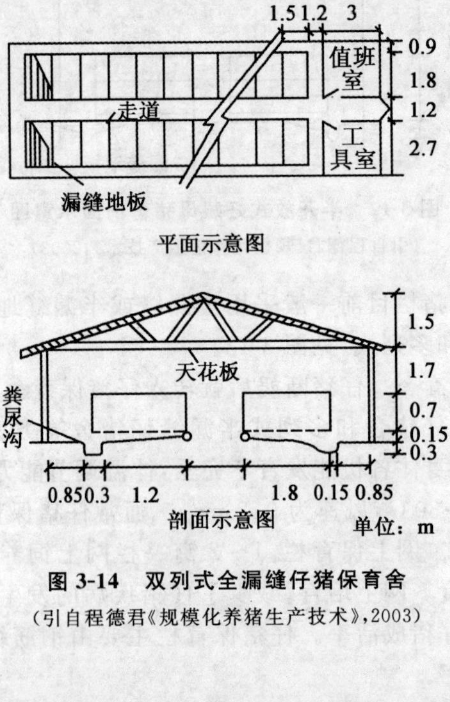

图 3-14　双列式全漏缝仔猪保育舍

(引自程德君《规模化养猪生产技术》,2003)

5. 生长舍、育肥舍和后备母猪舍　生长舍、育肥舍和后备母猪舍均采用大栏地面群养方式，自由采食，其结构形式基本相同，只是在外形尺寸上因饲养头数和猪体大小的不同而有所变化。

七、猪场设备

选择与猪场饲养规模和工艺相适应的先进的经济设备是提高生产水平和经济效益的重要措施。

(一)围栏

为了便于管理和环境控制，减少猪舍建筑，降低生产成本，规模化猪场一般采用集约化猪栏，其中各种围栏设备是常用的机械设备(图 3-15)。

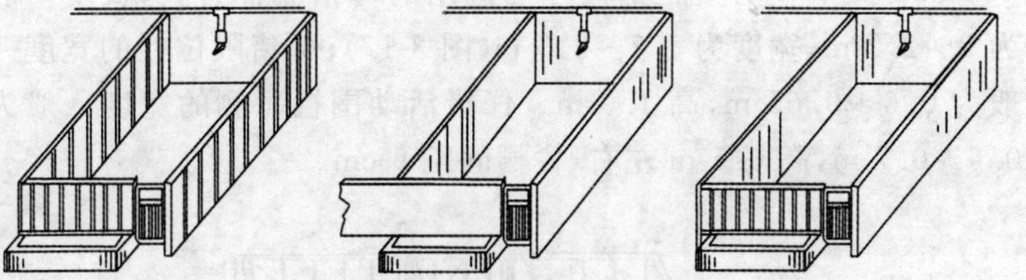

图 3-15　各种猪栏结构图

(引自程德君《规模化养猪生产技术》,2003)

1. 公猪栏与配种栏　公猪栏和配种栏这几种猪栏一般都位于同一栋舍内，因此，面积一般都相等，栏高一般为 1.2～1.4 m，面积 7～9 m^2。

2. 妊娠栏　妊娠猪栏有两种：一种是单体栏(图 3-16)；另一种是小群栏。单体栏由金属材料焊接而成，一般栏长 2 m，栏宽 0.65 m，栏高 1 m。小群栏的结构可以是混凝土实体结构、栏栅式或综合式结构，不同的是妊娠栏栏高一般 1～1.2 m，由于采用限制饲喂，因此，不设食槽而采用地面饲喂。面积根据每栏饲养头数而定，一般为 7～15 m^2。

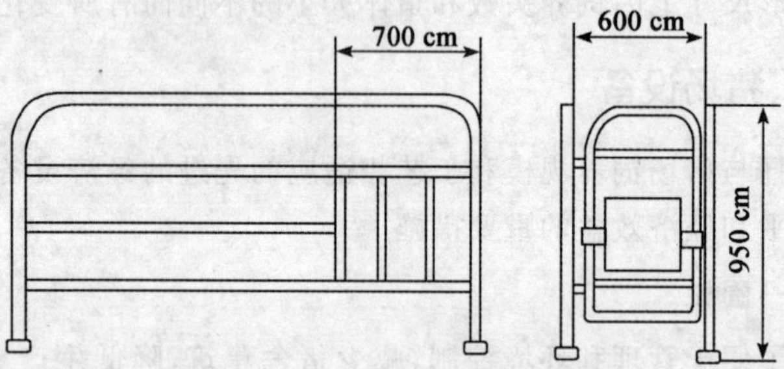

图 3-16 单体妊娠栏结构

（引自程德君《规模化养猪生产技术》，2003）

3. 分娩栏　分娩栏的尺寸与选用的母猪品种有关，长度一般为 2～2.2 m，宽度为 1.7～2.0 m（图 3-17）；母猪限位栏的宽度一般为 0.6～0.65 m，高 1.0 m。仔猪活动围栏每侧的宽度一般为 0.6～0.7 m，高 0.5 m 左右，栏栅间距 5 cm。

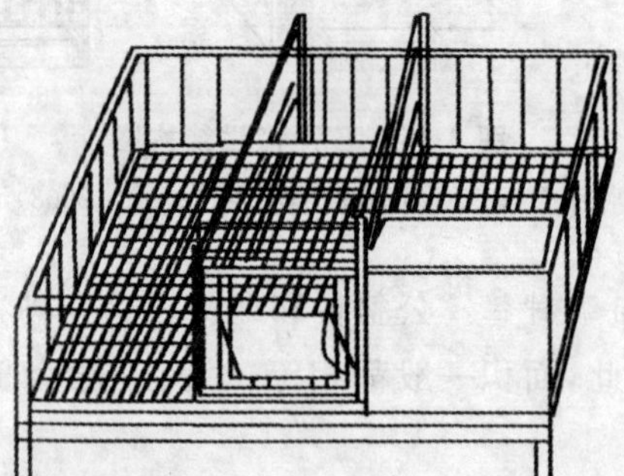

图 3-17 床式分娩栏结构

（引自程德君《规模化养猪生产技术》，2003）

4. 仔猪培育栏　一般采用金属编织网漏粪地板或金属编织镀塑漏粪地板，后者的饲养效果一般好于前者。大、中型猪场多采用高床网上培育栏，它是由金属编织网漏粪地板、围栏和自动食槽组成，漏粪地板通过支架设在粪沟上或实体水泥地面上，相邻两栏共用一个自动食槽，每栏设一个自动饮水器，如图 3-18 所示。这种保育栏能保持床面干燥清洁，减少仔猪的发病率，是一种较理想的保育猪栏。仔猪保育栏的栏高一般为 0.6 m，栏栅间距 5～8 cm，面积因饲养头数不同而不同。小型猪场断奶仔猪也可采用地面饲养的方式，但寒冷季节应在仔猪卧息处铺干净软草或将卧息处设火炕。

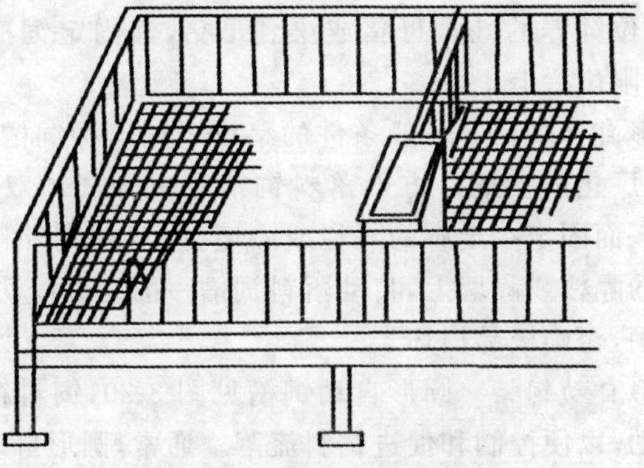

图 3-18　仔猪培育栏结构

(引自程德君《规模化养猪生产技术》，2003)

5. 育成、育肥栏　育成、育肥栏有多种形式，其地板多为混凝土结实地面或水泥漏缝地板条，也有采用 1/3 漏缝地板条，2/3 混凝土结实地面。混凝土结实地面一般有 3% 的坡度。育成、育肥栏的栏高一般为 1～1.2 m，采用栏栅式结构时，栏栅间距 8～10 cm。

(二)饮水设备

猪用自动饮水器的种类很多,有鸭嘴式、杯式、乳头式等。由于乳头式和杯式自动饮水器的结构和性能不如鸭嘴式饮水器,目前普遍采用的是鸭嘴式自动饮水器。鸭嘴式猪用自动饮水器主要由阀体、阀芯、密封圈、回位弹簧、塞和滤网组成。

(三)饲喂设备

1. 间息添料饲槽　条件较差的一般猪场采用。分为固定饲槽、移动饲槽。一般为水泥浇注固定饲槽。

饲槽一般为长方形,每头猪所占饲槽的长度应根据猪的种类、年龄而定。较为规范的养猪场都不采用移动饲槽。集约化、工厂化猪场,限位饲养的妊娠母猪或泌乳母猪,其固定饲槽为金属制品,固定在限位栏上。

2. 方形自动饲槽　一般条件的猪场不用这种饲槽,它常见于集约化、工厂化的猪场。方形落料饲槽有单开式和双开式两种。单开式的一面固定在走廊的隔栏或隔墙上;双开式(图 3-19)则安放在两栏的隔栏或隔墙上,自动落料饲槽一般为镀锌铁皮制成,并以钢筋加固,否则极易损坏。

3. 圆形自动饲槽　圆形自动饲槽见图 3-20,饲料箱可以上下移动和转动,以便控制和促进饲料流落。通常,圆形自动饲槽的圆筒用不锈钢制成,较为坚固耐用,底盘也可用铸铁或水泥浇注,适用于高密度、大群体生长育肥猪舍。

(四)装猪台

一个养猪场,特别是饲养肥育猪任务较大的猪场,每年装猪的任务是相当繁重的,通常见到的情况是每当成批肥猪或断乳仔猪出场时,需付出极大的劳动,并造成猪群严重不安,直接影响产品质量。解决这一问题,应在养猪场设一个装猪台,如图 3-21 所示。

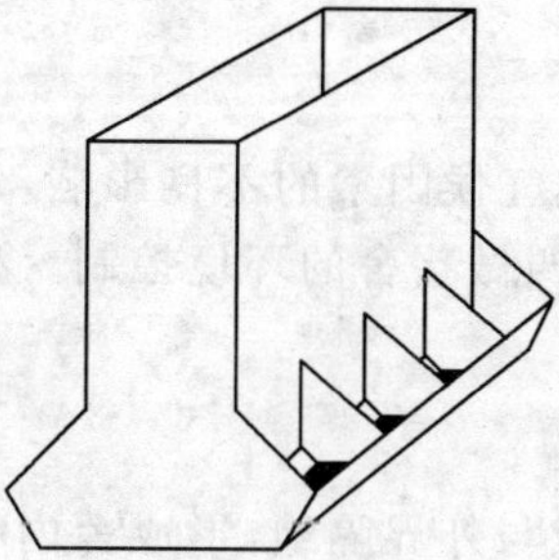

图 3-19　长方形双面自动食槽

(引自 http://www.miaozhu16.com/,2010)

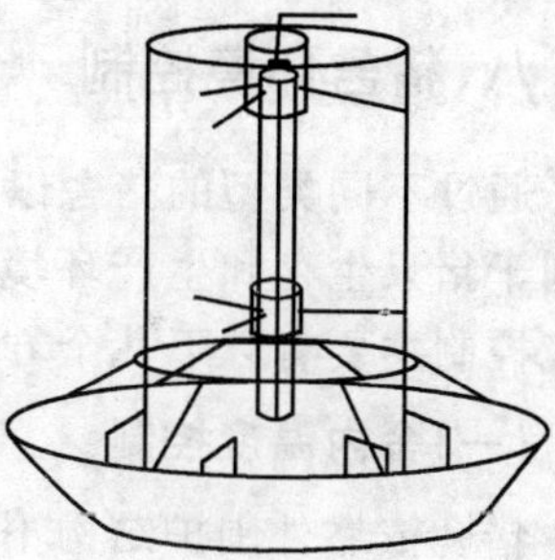

图 3-20　圆形自动食槽

(引自 http://www.miaozhu16.com/,2010)

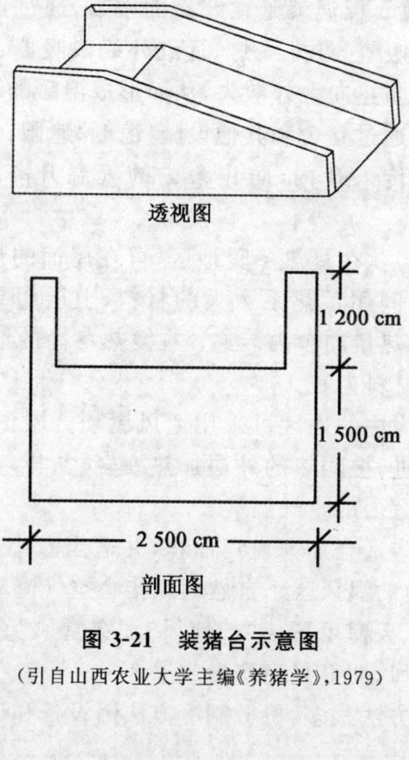

图 3-21　装猪台示意图

(引自山西农业大学主编《养猪学》,1979)

八、猪舍环境控制

通过不同类型的猪舍以克服自然气候因素的不良影响，建立有利于猪只生存和生产环境的设施，叫做猪舍的环境控制。猪舍环境控制主要有以下几个方面：

（一）舍内温度控制

猪舍依靠外围护结构不同程度地与外界隔绝，形成舍内小气候。采取有效的供暖、降温、通风、换气、采光、排水、防潮等措施，以建立满足猪只生理需要和行为习性的条件，为猪只创造适宜的生活环境。

1. 保温隔热　保温就是在寒冷的季节，通过猪舍将猪体产生的热和用热源（暖气、红外线灯、远红外线取暖器、电热板等）发散的热保存下来，防止向舍外散失，从而形成温暖的环境。隔热就是在炎热的季节，通过猪舍和其他设施（凉棚、遮阳、保温层等），以隔断太阳辐射热传入舍内，防止舍内的气温升高，形成较凉爽的环境。

2. 防暑降温　在夏热冬暖地区，可在屋面的最下层用导热系数小的材料，中间用蓄热系数大的材料，上层用导热系数大的材料，这样可缓和热量向舍内传递。在夏热冬冷的地区，上层以换成导热系数小的材料为宜。

在以防暑为主的地区可采用通风屋顶。屋顶建成两层，冷空气由进气口流进，被晒热的外层加热变轻，从排气口流出，降低了屋顶内表面和舍内的空气温度。

炎热地区应适当加大窗户面积，并适当减小窗户之间墙的宽度，以减少舍内的涡风区。自然通风猪舍空气流动靠热压和风压，在猪舍设地窗、天窗可形成“扫地风”、“穿堂风”直接吹向猪体，并可加强热压通风，明显提高防暑效果。

猪舍降温方法很多，机械制冷方法因设备和运行费用高，经济上不合算。故一般不予采用。常用方法如下：

(1)通风降温：夏季自然通风的气流速度较低，一般采用机械通风来形成较强气流，进行降温。

(2)蒸发降温：向地面、屋顶、猪体上洒水，靠水分蒸发吸热而降温。将水喷成雾状，使水迅速汽化，在蒸发时从周围空气中吸收大量热，从而降低舍内温度。但使舍内湿度增大，因而一般须间歇工作。在高湿气候条件下，水蒸发余地小，故降温效果不佳。

(3)滴水降温：适合于单体限位饲养栏的公猪和分娩母猪。在这些猪的颈部上方安装滴水降温头，水滴间隔性地滴到猪的颈部、背部，滴水在猪背部体表散开，蒸发，对猪进行了吸热降温。滴水降温不是针对舍内环境气温降温，而是直接降低猪的体温。

(4)湿帘-风机降温系统：是一种生产性降温设备，由湿帘、风机、循环水路及控制装置组成。主要是靠蒸发降温，也辅以通风降温的作用。在干热地区的降温效果十分明显。湿帘降温系统既可将湿帘安装在一侧纵墙，风机安装在另一侧纵墙，使气流在舍内横向流动。也可将湿帘、风机各安装在两侧山墙上，使气流在舍内纵向流动。

(二)舍内有害气体控制

猪舍通风分自然通风和机械通风两种方式。

1. 自然通风　自然通风是靠舍外刮风和舍内外的温差实现的。风从迎风面的门、窗户或洞口进入舍内，从背风面和两侧墙的门、窗户或洞口穿过，即利用“风压通风”。舍内气温高于舍外，舍外空气从猪舍下部的窗户、通风口和墙壁缝隙进入舍内，而舍内的热空气从猪舍上部的屋面经自然通风器、通风窗、窗户、洞口和缝隙压出舍外为“热压通风”。舍外有风时，热压和风压共同起通风作用，舍外无风时，仅热压起通风作用。

2. 机械通风　在炎热地区猪场需进行机械通风。机械通风分为以下 3 种方式：

(1)负压通风:即用风机把猪舍内污浊的空气抽到舍外,使舍内的气压低于舍外而形成负压,舍外的空气从屋顶或对面墙上的进风口被压入舍内。

(2)正压通风:即将风机安装在侧墙上部或屋顶,强制将风送入猪舍,使舍内气压高于舍外,舍内污浊空气被压出舍外。

(3)联合通风:同时利用风机送风和利用风机排风,可分为两种形式。第一种形式适用于较热的地区,即进气口设在低处,排气口设在猪舍的上部,此种形式有助于通风降温。第二种形式应用范围较广,在寒冷和炎热地区均可采用,将进气口设在猪舍的上部,排气口设在较低处,便于进行空气的预热和冷却。

(三)生物侵害控制

生物侵害控制的有效方法是建立生物安全体系。减少新病原体进入猪场的各种措施,是经济有效的疫病控制手段。最基本的生物侵害控制措施如下:

1.猪场的卫生管理　保持舍内干燥清洁,每天必须打扫卫生,清理生产垃圾,打扫清理粪便,尽可能做到猪、粪尿分离。清扫后进行必要的清洗。

猪只转群后的空栏舍,用清洗消毒机彻底清理,包括栏舍、墙面、食槽、地板等,清洗后用广谱消毒药消毒备用。

在保持温暖干燥的同时,适时通风换气,排出猪舍内有害气体,保持舍内空气新鲜。

繁殖舍每月彻底打扫冲洗一次,产房断奶后彻底打扫冲洗。保育仔猪50日龄后冲洗地板1次,育成、育肥舍每月打扫冲洗1次。

2.猪场的消毒措施　消毒可分为终端消毒和经常性的卫生保护,前者指空舍或空栏后的消毒,后者指舍内及四周的经常性消毒(定期带猪消毒、场区消毒和人员入场消毒等)。

(1)栏舍、设备和用具的消毒:使用广谱消毒药彻底消毒栏舍内所有表面及设备、用具。必要时，可先用2%～3%氢氧化钠溶液对猪栏、地面、粪沟等喷洒浸泡，30～60 min后低压冲洗，然后用0.3%过氧乙酸喷雾消毒。消毒后栏舍保持通风、干燥，空置5～7 d。入猪前1 d再次喷雾消毒。

(2)进场人员消毒：进入猪场的一切人员，须经“踩、照、洗、换”四步消毒程序(踩氢氧化钠消毒垫，照射紫外线5～10 min/次，消毒液洗手，更换场区工作服、鞋等并经过消毒通道)方能进入场区。

(3)种猪场建立门口消毒池：可用2%氢氧化钠溶液作为消毒液，每周更换一次，保持消毒池内消毒药液的有效性。

(4)猪舍内外、猪场道路每周定期消毒：舍内带猪消毒，可用对人畜无害的消毒液，如百毒杀或0.2%过氧乙酸溶液等。运动场及场内道路可用2%氢氧化钠溶液消毒。在进行消毒前必须彻底清扫、冲洗，用氢氧化钠溶液消毒后亦须彻底用清水冲洗，除去消毒液，以免腐蚀皮肤和用具。

(四)消灭老鼠、蚊、蝇和昆虫

1.消灭蚊、蝇、蠓等吸血昆虫　蚊蝇多发季节，至少每周灭蚊蝇1次，可选用敌百虫、敌敌畏、倍硫磷等杀虫药，应注意对人、畜的毒性。

注意消灭吸血昆虫。除用药物驱杀外，在猪舍门、窗上安装纱网，防止蚊、蝇、蠓的叮咬，减少疫病传播。

2.灭鼠　老鼠除自身体内感染携带病原传播外，还将病菌带入洁净环境造成污染，并咬坏麻袋、水管、电线、保温材料和造成饲料浪费。灭鼠药要选择诸如敌鼠钠盐、安妥等对人畜毒性低的毒鼠药。灭鼠要全场同步进行，并做到不声张，下药点合理。

3.控制野生动物和飞鸟　经常性的卫生保护还要对野鸟进行控制。猪场内不要养犬、猫(易传播弓形虫病)。并控制猪场的其他入侵动物。

本章重点提示

1. 场址的选择、场区的规划是否合理很重要。

2. 严格控制猪舍的环境是提高猪生产效益的重要保证。

第四章　猪饲养管理规范化

本章知识新亮点:利用超声波进行妊娠诊断

尽早鉴定配种后的母猪是否妊娠对生产十分有利。如果鉴定是妊娠了,则马上按妊娠母猪进行饲养管理;如果没妊娠,应立即采取措施,促进尽早发情再配种,以尽量缩短空怀期,不浪费时间和饲料。而利用超声波诊断妊娠具有时间早、速度快、准确率高等优点,是母猪饲养管理的一个新亮点。

一、健康养猪及无公害猪肉概述

(一)健康养猪的含义

健康养猪包括三方面内容:一是要生产出无污染的健康食品,这方面包括有机食品、绿色食品、无公害食品。二是指规模化养猪场应按标准对猪的重大疫病进行监测、防疫,严格控制人畜共患病;严格控制禁用药品及某些危害人畜健康的重金属添加剂。猪群中疾病减少或得到可靠的防疫,这既使猪场达到了安全生产,又获得了经济效益。三是要防止对环境的污染,加强消毒和粪尿的无害化处理。对提供给屠宰场的商品育肥猪从源头上保障了无污染、无公害、安全放心。

(二)无公害猪肉生产环节

1. 猪场的环境　猪场应选择在干燥、排水良好的地方,周围3 km 内无大型化工厂、肉品加工屠宰厂或其他畜牧场污染源。距公路干线、居民区和公共场所至少在1 km 以上。总的来说,猪场应建在无污染的地方并避免对周围环境造成污染。

2. 生猪饲养　应选择优良的瘦肉型猪，向加盟户或养殖户提供健康的种猪，自繁自养、全进全出，饮水水质要符合国家标准，定期消毒，非生产人员一般不允许进入生产区。

3. 饲料及饲料添加剂的质量监控　无公害饲料的生产及添加剂的使用，应按农业部标准(NY 5032)执行。饲料中严禁添加盐酸克伦特罗(瘦肉精)、洛克沙胂等制剂，使用药物饲料添加剂应严格执行休药期制度。一般来说，宰前10～15 d应停止添加药物。

4. 开展动物疫病监测　猪场常监测的疾病包括口蹄疫、猪水疱病、猪瘟、猪繁殖及呼吸综合征、伪狂犬病、猪乙型脑炎、猪丹毒、布氏杆菌病、结核病、猪囊尾蚴病、弓形虫病等。定期进行防疫注射。

5. 兽药使用及残留　农业部已发布无公害食品生猪饲养兽药使用准则(NY 5030)，对允许使用的抗寄生虫药和抗菌药已列表说明并对用法、用量、休药期作了明确规定。禁止使用麻醉药、镇痛药、中枢兴奋药、化学保定药等。近年来，滥用抗生素造成了药物在猪体内的残留，屠宰上市后对消费者造成危害。加入WTO后，我国猪肉出口往往因药物残留而受影响。农业部于2002年3月发布了农牧发[2002]1号文件《食品动物禁用的兽药及其他化合物清单》，此通知对21类药品进行了严格控制，序号1～18所列品种的原料药及其单方、复方制剂产品一律停止经营和使用，如瘦肉精、氯霉素、硝基呋喃类、甘汞、氯丙嗪等都是禁用药品。养猪者及兽医工作者必须遵守执行。

6. 严格检验　对屠宰加工环节进行卫生检测，对旋毛虫、猪囊虫等逐头检验。对兽药、农药、铅、砷、铜、汞等残留进行抽检。

二、种公猪的饲养管理

饲养种公猪的目的是要及时完成配种任务，使母猪能够及时配种、妊娠、产仔，完成生产繁殖仔猪的任务。种公猪对整个猪群的影响很大，常言道“母猪好，好一窝，公猪好，好一坡”。可见公猪在养猪生产中的重要性。要完成这一任务首先要使公猪能够提供数量多、质量优的精液；其次，要求公猪体质健康，配种能力强，能够及时完成配种任务。加强对种公猪的选择、培育和饲养管理，提高种公猪的配种效率，对于增加母猪的产仔数量，改进猪群品质，提高养猪生产水平，具有重要意义。

(一)种公猪的选择

1.品种来源　应选择来自种猪场、有档案记录、经过选育、生长速度快、饲料利用率高的优良纯种或杂种公猪。

2.生产性能　要求生长快，一般瘦肉型公猪体重达 100 kg 的日龄在 170 d 以下；耗料省，生长育肥期每千克增重的耗料量在 2.8 kg 以下；背膘薄，100 kg 体重测量时，倒数第三到第四肋骨离背中线 6 cm 处的超声波背膘厚在 15 mm 以下。注意猪的生长速度、饲料利用率和背膘厚度因品种不同有一定差异，选种时根据该品种的具体标准而定不可一概而论。

3.体型外貌　肌肉丰满，骨骼粗壮，四肢有力，体质强健，肩部和臀部发达；头和颈较轻细，占身体的比例小，胸宽深，背宽平，体躯要长，腹部平直；生殖器官发育正常，睾丸发育良好，两侧对称一致，无单睾、隐睾或疝气，有缺陷的公猪要淘汰；对公猪精液的品质进行检查，精液质量优良，性欲良好，配种能力强。

4.健康状况　应注意有没有影响繁殖的传染性疾病，如伪狂犬病、日本乙型脑炎、细小病毒病、繁殖和呼吸综合征等。

(二)种公猪的饲养

1.种公猪的生理特点　射精量大：成年公猪一次射精量平均 250 mL，高的可达 500 mL。交配时间长：交配时间为 5～10 min，多的可达 20 min 以上，消耗体力大。公猪的精液组成：干物质 2%～10%，其中蛋白质占 60%以上，其他的为脂肪、矿物质等。

2.营养需要

(1)粗蛋白:蛋白质是构成精液的重要成分。在公猪的日粮中如能给一定数量的蛋白质(根据不同猪种粗蛋白为14%～16%),对增加精液数量、提高精液质量以及延长精子寿命来说,都有很大作用。因此,在公猪的日粮中一般应含有不低于14%的粗蛋白质。还要注意各种氨基酸平衡,特别是必需氨基酸。有试验表明,用低于标准定额20%～30%蛋白质日粮饲喂公猪,其射精量可减少10%～13%,精子活力降低22%～25%,畸形精子增加60%～65%。蛋白质品质也同样影响公猪的繁殖机能。如日粮中缺乏赖氨酸可使精子活力明显降低,甚至引起不育。缺乏色氨酸则可使公猪睾丸发育不良,甚至出现睾丸萎缩,缺乏苏氨酸和异亮氨酸则导致公猪食欲减退和体重减轻,使配种力明显减弱。

(2)能量:能量不足可影响公猪的性成熟,亦可造成种公猪的配种能力降低;而能量过高又会导致种公猪体况过肥,降低了公猪的性欲和配种能力。一般要求每千克日粮中消化能不低12.97 MJ/kg。注意供给要适当,不可过多或过少,防止公猪过肥或过瘦,影响配种。

(3)矿物质:矿物质元素需要的量虽然不大,但对于精液品质具有很大影响。如钙和磷可促进公猪的性腺发育,缺乏钙、磷,可使精子活力降低,并出现大量畸形精子和死精子。而锰、碘、钴、锌等对提高公猪精液品质也有明显的效果。

(4)维生素:维生素A、维生素D_3、维生素E和B族维生素,如硫胺素、核黄素、尼克酸、泛酸和维生素B_{12}对维持公猪健康和正常繁殖机能均是必需的。当日粮中缺乏维生素A时,公猪的睾丸会发生肿胀或萎缩,不能产生精子;缺乏维生素D_3、维生素E时,则会引起精液的品质下降,但在以青饲料为主的日粮中,常不会缺乏。一般每千克日粮应供给维生素A 4 100国际单位、维生素D_3 177国际单位、维生素E 11 mg。此外,烟酸、泛酸也是公猪不可缺少的维生素，也要注意添加。

此外，种公猪的饲料中严禁有发霉变质和有毒的饲料混入，饲料应有良好的适口性，保持公猪每天一定的采食量。配种期间补充饲喂一些动物性蛋白质饲料，如每天加喂每头公猪2～3个鸡蛋，对提高精液品质有很大作用。此外，每天供给公猪鲜嫩青绿饲料1.25～2.5 kg也很有好处。

3. 防止过肥　如果公猪配种采精次数不多，往往导致公猪过于肥胖，性欲减退，逐渐失去种用价值。如采用高能高蛋白饲料，无限量地饲喂，也使公猪肥胖，造成采精或配种困难。为解决这一问题，当公猪肥胖时，可减少精饲料15%左右，同时加喂青粗饲料，并增加公猪的运动量，每天自由活动1～2 h或驱赶运动1 h，以锻炼公猪四肢的结实性。

4. 饲养方式　根据公猪全年内配种任务的集中和分散，分为两种饲养方式。

(1)一贯加强的饲养方式：猪场实行流水式的生产工艺，母猪实行全年分娩时，公猪需负担常年的配种任务。因此，全年都要均衡地保持公猪配种所需的高度营养水平。

(2)配种季节加强的饲养方式：母猪如实行季节性分娩时，在配种季节前一个月，对公猪逐渐增加营养水平，在配种季节保持较高的营养水平。配种季节过后，逐步减低营养水平，但仍然需供给维持公猪种用体况的营养需要。

(三)种公猪的管理

1. 运动　运动可以提高公猪神经系统的兴奋度，促进公猪的食欲和消化，增强体质，提高抗病力，避免肥胖，提高精液质量和配种能力。因此对公猪应加强运动，一般每天运动0.5～1 h，夏季宜在早晚凉爽时进行，冬季在午后进行。公猪应单圈饲养，圈舍面积6～8 m^2，最好设有运动场，以便于公猪自由活动。

2. 保持猪体清洁卫生　夏季可以洗澡或淋浴，其他季节可以刷拭猪体，可防止皮肤病、体外寄生虫病的发生，促进新陈代谢，使公猪性欲增强，并可建立人与猪的亲和关系，便于管理。

3. 定期称重和检查精液质量　公猪要定期称重与检查精液质量，了解情况，判定营养、运动和利用之间是否平衡，以便及时调整。精液品质应每隔 10 d 检查 1 次。精液少、密度低，一般与营养水平低、采精或配种频率高、采精技术不佳有关；活力差、畸形率高，一般与营养水平低或不平衡、健康状况差有关；尾部带有原生质滴的精子增多说明采精配种频率过高。人工授精用的公猪每次采精后都要进行精液品质检查。

4. 避免异性刺激　公猪圈应建在场内的上风向，否则公猪容易闻到母猪气味而兴奋不安、爬圈和乱闹，这样会过度地消耗公猪的体力和精液，造成公猪未老先衰，降低公猪的使用年限；有时会造成公猪的自淫现象，大大降低精液品质，严重影响母猪受胎率。公猪最好单圈饲养，圈墙要高而严密，让其看不见外面的事情，这样可以使公猪安静，减少外界干扰，特别是杜绝母猪的干扰刺激，保持正常的食欲与性欲，避免发生自淫现象。

5. 建立正常的饲养管理日程　可以使公猪有良好的生活习惯，增进健康，提高配种能力。合理安排饲喂、饮水、放牧、运动、刷拭休息等日程。

6. 注意防寒保暖，防暑降温，避免热应激　种公猪适宜的温度为 18～20℃。30℃以上就会对公猪产生热应激，公猪遭受热应激后会降低精液品质，并在 4～6 周后降低繁殖配种性能，因此夏季高温时要防暑降温，目前防暑降温的措施主要有通风、洒水、洗澡、遮阴等方法。

(四)种公猪的合理利用

首先掌握好适宜的配种年龄及体重，不可过早或过晚。我国地方品种为 7～9 月龄，体重 60～70 kg；培育及引入品种为 8～10 月龄，体重 110～120 kg。对初配公猪还要进行调教，公猪初次配种时，应使用体型相似、易接受爬跨的经产母猪按一定的程序进行调教训练，用已被其他公猪配过种、仍处于静立发情的母猪是较理想的，这样经过几次训练，以后就可以正常使用。

其次是掌握适宜的配种强度。初配公猪每周配种2～3次；2～4岁的壮年公猪每天配种1次，或每天2次(间隔8 h以上)，连用1周，休息1～2 d。射精次数一般以控制在2次为好，公猪射精时间累计起来是6 min左右，可是一次交配全部精子的80%是在开始射精的头2 min内射出的，所以只要让公猪射精2次，是能保证母猪正常受胎的。

第三是合适的公母比例。一般用本交进行季节性配种的猪场，公与母的比例为1∶(15～20)；分散配种的猪场：公与母的比例为1∶(20～30)；人工授精的猪场公猪尽量少养、精养。可根据需要确定饲养品种和数量，一头公猪可配600～1 000头母猪，1∶500较为适宜。

除此之外还要选择适宜的配种时间。一般是夏季安排在早晨与傍晚凉爽时进行，冬季安排在上午和下午天气暖和时进行。配种前后1 h不要喂食。配种后不要立即给公猪饮凉水和冷水冲洗。配种时最好有专门的场地 地面要求平坦而不滑，以利配种进行。公猪一次交配的时间很长，为3～25 min，所以交配时切不可有任何干扰。每次配种完毕，应让公猪自由活动十几分钟，然后再赶回圈内，并给些温水让其自饮。

种公猪可能会出现的异常状态有：一是公猪发生自淫。解决的方法是公、母圈远离，相互听不见声音；公猪圈要严密，不让其看到外面的事情；单圈饲养，圈墙要高，使其爬不上墙头；加强运动，让其有一种劳累感；建立正常的饲养管理制度。二是公猪打架。特别注意避免两头公猪相遇，一旦发现打架要采取措施及时拉开。三是公猪血尿。解决办法是立即停止配种，休息1个月，休息期间饲喂较好的蛋白质饲料和青绿多汁饲料，恢复健康后严格控制配种次数，否则再发生尿血就不好调理了。

公猪还可能出现性欲低下的问题。可能的原因是由于使用过度，运动不足，饲料中长期缺乏维生素 E 或维生素 A，引起性腺退化、睾丸炎、肾炎、膀胱炎等许多疾病所致。

公猪性欲低下主要表现在见到发情母猪不爬跨，性欲迟钝，厌配或拒配，即使爬跨母猪也阳痿不举，或交配时间短，射精不足。对性欲低下的公猪可以采取如下措施：过肥则减料撤膘，加强运动，加喂青绿多汁饲料；过瘦则加强营养，尽快恢复膘情；初配公猪，配种不要过晚；用发情好的母猪，逗引公猪，增强其性欲；使用药物治疗，注射脑垂体前叶激素、维生素 E，提高其性欲。

对于疾病而继发的种公猪性欲低下，应针对原发病进行治疗。对性欲不强，射精不足的种公猪，精液严禁使用。

(五)配种方法及要求

1. 自然交配和人工辅助交配　自然交配是把公、母猪放在一起饲养，公猪随意与发情母猪交配。一般 15～20 头母猪放入 1 头公猪，让其自然交配。这种配种方式在养猪生产上已很少采用。

人工辅助交配的公猪平时不混在一起饲养，而在母猪发情时，将母猪赶到指定地点与公猪交配或将公猪赶到母猪栏内交配。配种前首先将公猪的包皮和母猪的外阴部用 0.1%高锰酸钾溶液擦洗消毒，当公猪爬上母猪背时，辅助人员用手把母猪尾巴拉开，另一手牵引公猪包皮引导阴茎插入阴道。然后观察公猪射精情况，当公猪射精完后，立即将公猪赶走，以免进行第二次交配。这种方法能合理地使用公猪。

2. 人工授精　人工授精是以人为的方法采得公猪的精液，然后通过一定的手段输入母猪子宫内，使母猪怀孕的一项技术。下面介绍人工授精技术的操作要点：

(1)准备工作

器械的清洗和消毒：器械用 2%碳酸氢钠(小苏打)液洗刷一

遍，再用清洁水冲洗5～6遍，最好用蒸馏水。清洗完毕后进行消毒，玻璃类、金属类、纱布、毛巾先煮沸后再恒温干燥箱灭菌(120℃，15～30 min)；输精胶管采用煮沸消毒或蒸气灭菌；水温计采用酒精棉球消毒；稀释液采用隔水煮沸10～15 min或直接煮沸消毒，消毒过的器械使用前用稀释液冲洗一遍。

严格操作室清洁卫生：窗明台净，操作台和地板需每天擦拭，操作人员要穿白色工作服，做到无尘，无蝇，无菌。

加强种公猪调教：通常对种公猪人工采精的调教方法有以下几种：一是利用发情母猪生殖道分泌物或尿液对种公猪进行诱导采精；二是直接用发情母猪作实体进行诱导；三是利用已调教好的种公猪爬跨假台猪进行训练和调教。调教成功后要连采几天，以巩固其建立起的条件反射，调教好的公猪不准再进行本交配种。

(2)采精方法：采精应在室内进行，采精室应清洁无尘，安静无干扰，地面平坦不滑。采精员穿戴洁净工作衣帽，长胶鞋，乳胶手套。胶手套应先用70%酒精消毒、晾干，30 min后使用。采精前，将公猪赶进采精预备室后，应用40℃温水洗净包皮及其周围，再用0.1% 高锰酸钾溶液擦洗、抹干。

采精的方法较多，目前最常用的是徒手采精法。采精前，剪去公猪包皮周围长毛，假台猪及种公猪的阴茎包皮、腹下等处用0.1%高锰酸钾液擦洗干净。采精员要修短指甲，并用70%酒精消毒挥发擦净。采精时，采精员站在台猪的右(左)后侧，当公猪爬上采精台后，采精员随即蹲下，待公猪阴茎伸出时，用手握紧其阴茎龟头，特别是要抓住螺旋部分，压力不宜太大，以控制其龟头不能转动或回缩为限，并带有松紧节奏，以刺激射精。当公猪充分兴奋、龟头频频弹动时，表示将要射精。公猪开始射精时多为精清，不宜收集，待射出较浓稠的乳白色精液时，应立即以右(左)手持集精杯，放在稍离开阴茎龟头处将射出的精液收集于集精杯内。当射完第一次精后，刺激公猪射第二次，继续接收。射完精后，待公猪退下采精台时，采精员应顺势用左(右)手将阴茎送入包皮中。

不得粗暴推下或抽打公猪。公猪采精通常一周 2 次,成年猪隔日采精,输精紧张时有时 1 次/d 也可;青年猪(1 岁)和老年猪(4 岁以上)1 次/3 d。

(3)精液品质检查:检查室的温度要保持在 15℃以上,精液用 3～4 层纱布过滤。检查精液量、色泽、气味、活力及密度。正常精液的色泽为乳白色或灰白色,如带有绿色或黄色是混有脓液或尿液,若带有淡红色或红褐色是含有血液,这样的精液应舍弃不用。精液略有腥味,精液 pH 值为 6.8～7.2。活力一般按 0.1～1.0 的十级评分法进行,鲜精活力要求不低于 0.7。用电子精子计数器测定精子密度,计算出所采集精液中所含精子的数量,一般不低于 1 亿精子,按每个输精剂量至少 30 亿个有效精子计算出可稀释的倍数,通常可稀释 10～15 倍。一般要求畸形率不超过 18%,其测定可用普通显微镜。

(4)精液的稀释:一头公猪一次射精所获得精子数比受精要求多 15～30 倍。稀释液分短期保存和长期保存。短效一般要在 3 d 内使用,长效可保存 5～8 d。一般情况下,同一种稀释液,精子密度越大,所消耗能量越多,保存时间越短。人工授精的输精量一般每个剂量为 30 亿～50 亿个精子,体积为 80～100 mL。如美国采用总精子数 30 亿个,授精量 80 mL;我国一般采用总精子数 40 亿个,授精量 100 mL。

(5)精液的贮存和运输:3～4 h 内的贮存不用降温,放在常温保存即可。5 h 以上的贮存,可将已经自然降温的精液容器封严,放在 15～20℃保温箱或保温瓶中贮存,应在 24 h 之内用完。运输时精液容器应装满封严,并用毛巾包好,以免运输中振荡产生泡沫,尽量缩短运输时间,控制温度变化。冬季用保温箱调节箱内温度在 20～25℃,防止突高突低。应避免直射阳光、烟、酒气味。

(6)输精:如公猪在场的情况下,骑背试验表示静立,输精的有效时期是在静立发情开始后约 24 h,范围为 12～36 h。生产实际中是在第一次观察到静立反应后，延迟 12～24 h 进行首次配种，然后间隔 8～12 h 进行第二次配种。应当注意，母猪每天至少要两次检查静立反应，特别是用鲜精进行人工授精的母猪。如果在公猪不在场的情况下检查出静立发情，则母猪已经超过了输精的最适阶段，这时应当赶快实施第一次输精。输精应当在母猪熟悉的环境中进行。输完后让母猪在正常的环境下安静地停留几个小时，然后再让母猪离开配种场。一次配种记录包括两次输精，应当认真做好记录。

输精方法：一般母猪不需保定，一手开张阴门，一手持受精胶管插入阴道，先斜上方插入 10 cm 左右，再向水平方向插进，边插边捻转，边推进，待插入 30 cm 左右感到不能再插入时，便可输入精液，正常的输精时间应和自然交配一样，一般为 3～10 min，时间太短，不利于精液的吸收，太长则不利于工作的进行。最好送回圈后 1 h 再喂饲较好。

(六)配种时注意事项

(1)人工辅助交配场地应在离公猪舍较远，以在母猪圈附近为好，适于安静而平坦的地方。配种时间宜在早晨或傍晚喂饲前 1 h 进行，采精场地最好设在室内进行。

(2)配种和采精前，必须用清水洗净公、母猪外生殖器官如阴门及阴茎包皮，再用 0.1%高锰酸钾溶液消毒，防止疾病传播。

(3)公猪是多次射精的家畜，一次交配时间可长达 15～20 min，射精的累计时间约 6 min，体力消耗较大。如果公猪配种量不大，可以不控制其射精，任其配完下来；但当公猪配种负担量较大或很集中时，为减少体力消耗，则可把每次交配的射精次数控制在 2 次为宜。

(4)配种和采精时，公猪高度兴奋，体力消耗大，如受异常刺激很容易得病。因此，配种后，切忌让公猪下水滚泥或用冷水洗身，以免引起疾病。

(5)对采精公猪可采用必要的声音刺激,母猪发情时的叫声可以引起种公猪的性反射。可以录下发情母猪的求偶声,在人工采精时给公猪听,能使公猪采精容易,精液品质良好,精子活力高,畸形率少,也可以提高老年公猪和性欲不强公猪的性欲。

(6)采取有效措施,排除影响人工授精技术因素,提高受胎效果。影响人工授精技术的因素主要有猪场的管理状况、公猪精液的质量、操作者技术熟练程度、母猪发情诊断和适时配种的准确性、环境条件和实验室设备等。母猪输精后 21 d 进行返情检查,30 d 进行空怀检查,以保证没有配上的母猪及时返回配种群。

三、种母猪的饲养管理

饲养种母猪的目的是要利用母猪的繁殖机能,大量生产和繁殖仔猪,为生产商品育肥猪提供仔猪来源。要用较少的种用母猪,生产繁殖出数量更多的仔猪,最大限度地发挥种用母猪的繁殖潜力,就必须要了解母猪的繁殖机理,提供合理营养,根据母猪特点进行合理管理,从而保证母猪繁殖机能的正常,使母猪能够正常发情、排卵、配种妊娠和产仔。这一系列的生产环节必须环环抓紧,不论哪一环节上出现失误和差错,都会严重影响母猪繁殖率。

(一)后备母猪的饲养管理

据后备母猪生长的特点,在长骨骼阶段,要保证供给足够的矿物质,尤其是供应足够的钙磷,使骨骼长的细密结实,骨架大;在长肌肉阶段,则应供给足量优质蛋白质饲料;在防止脂肪沉积阶段,要注意日粮的营养结构,少搭配含碳水化合物的饲料。当后备母猪体重达到 50 kg 以上后,消化器官发育完善,其消化能力大大增强,食欲旺盛,采食量大,因此,要采取限制饲喂方法,不能让其自由采食,以免腹部下垂和过于肥胖。其限饲的方法是:根据体重决定每头每天的饲喂量。后备母猪的日粮可根据一次饲喂后,猪自动离开食槽时所摄进饲料的数量判定,或根据投食后 5~6 min 吃食的数量，乘以饲喂次数，即可计算出全天应给的饲料量，并随幼猪的增重、食量及粪便形状的变化逐渐增加给量，每天饲喂3顿，其中饲喂量早晨为35%，中午为25%，下午为40%。配种前10～14 d实行短期优饲，一般可增加产仔数2头左右。优饲程度在原低能(13.21～22.03 MJ)日粮基础上每天多喂25～35 MJ消化能。配种结束后立即降低饲养水平，否则，会导致胚胎死亡数增加。

后备母猪阶段要为以后产仔、泌乳打基础。因此，后备母猪应从小锻炼体质，增强身体机能，保持身体健壮。为此，除了供给后备母猪充足的营养外，还应提供良好的生活环境条件。如保持圈舍的干燥清洁，空气新鲜，阳光充足，适当运动。为了增加运动，后备母猪的饲养密度不能过大，应有让其活动的空间；后备母猪舍应设有运动场，以便让猪有更大空间自由活动，如能以放牧方式代替猪的运动则更好。

后备母猪一般都是小群饲养，在合群初期，猪群之间个体往往会发生打斗，影响猪的休息和采食，甚至会打斗致伤而发病。为防打斗，除了加强护理，及时将打斗个体分开外，还应注意合理分群。尽量选择品种相同、体重大小相似的个体同圈饲养；在合群之前喷洒来苏儿等药物使其气味一致等。

后备母猪要定期称重、量体长及膘厚，因为每一个品种的猪都有一定的生长发育规律，通过称量后备猪各月龄体重，可比较个体间生长发育的差异，有利于选育，并可据此适时调整饲料的饲养水平和饲喂量，达到应有的体质和体况。后备猪应在6月龄以后，测量活体背膘厚度，按月龄测量体长。根据标准，对发育不良的后备猪要及时淘汰，避免造成人力、物力浪费。

后备母猪长大后要作为种母猪来利用，使用年限为3～5年。因此，对后备母猪应严格检疫、严格免疫，严防疾病发生。对猪群应注意多观察，猪若发病，应及时治疗，以防蔓延。猪一旦发病，往往会影响后备母猪生长发育。严重发病者，甚至会使后备母猪丧失种用价值，或者发病死亡。

(二)母猪发情与配种

发情与配种是两个重要的生产技术环节。育成母猪达到性成熟年龄时就开始发情，第一次发情为初情期，征兆并不明显，持续2～5 d；初情期以后，每隔18～22 d发情1次，其征兆逐渐明显，持续2～4 d。母猪从上次发情开始，到下次发情开始，为一个性周期，一般约21(18～22 d)。母猪发情分发情前期、发情期、发情后期和休情期。发情前期是性周期的准备过程，也是性机能活动的开始。发情期是发情前期的各种生理变化在母猪发情期内具体化，此时卵子从卵巢排出，是母猪发情配种的最佳时机，母猪爬跨，寻求配偶，允许公猪交配，持续2～4 d。发情后期为发情结束，母猪安静下来，回避公猪。休情期是相对的生理静止期，性器官没有显著的生理活动。在配种期内要掌握母猪的发情表现，选择最佳时期配种。

1.*后备母猪的发情* 留种的后备母猪，体重达到60 kg以后，就要限食饲养，日粮中应减少精料，增加青饲料，增加运动量。后备母猪不同于育肥猪，一定要控制住膘情，过肥会影响发情，过瘦也不能发情，中等膘情最好。后备母猪性成熟期因品种而不同。一般情况下，我国地方品种猪性成熟较早，如梅山猪5～6月龄就开始发情；其次是培育品种，如哈尔滨白猪6～7月龄开始发情；性成熟比较晚的多为引进品种，如长白猪8～9月龄开始发情。

后备母猪第一次发情为初情期，这时的后备母猪仍处于生长发育阶段，发育尚不成熟，发情不规律，排卵也少。所以后备母猪的初情期一般不予配种，现在常用品种的杂交系宜在第二发情期配种。

2.*经产母猪的发情* 产仔两次以上的母猪均为经产母猪，包括妊娠后流产的、死产的、仔猪少并窝的空怀母猪。一般正常情况下，断奶后母猪经7～10 d即可发情配种，断奶后应根据母猪的膘情调整喂量，使母猪断奶后很快发情，在母猪配种期加强饲养，给予优质饲料。

3.促进母猪发情的方法

(1)饥饿法：为了使哺乳母猪及时集中发情，应4～5 d断奶，不拖长断乳时间。当哺乳母猪断乳时，一次减少饲料量的2/3，2 d后精料全用青饲料代替，第3天喂一些糟类或草粉，第4天早上给仔猪哺乳1次(实际已没乳汁了)后与仔猪分开。这时母猪乳房已软并见皱褶，向上收缩了，说明断奶完成，可以逐步添加精料，几天后恢复到断乳时的2/3量即可。这样断奶的母猪群养在一起，4～5 d后就会有发情的母猪。一旦有几头刚断奶的母猪发情，在猪群中互相拱吮触弄、追赶爬跨，马上会引起连锁反应，经过4～7 d时间，这些刚断奶的母猪群可以达到80%以上都能发情。

(2)公猪诱情：将公猪赶到未发情的母猪圈中，由于公猪的求偶声、气味及追赶爬跨，使母猪受到强烈的性刺激，可以达到尽快发情的目的。

(3)药物催情：在个别母猪迟迟不发情的情况下，应检查其健康状况，如无明显异常，可以使用生物激素催情，对不发情的母猪注射孕马血清或绒毛膜促性腺素1 000单位，3～5 d后，可以发情。

(4)按摩乳房：为了促进母猪早日发情，对个别晚发情的母猪，每天早饲后按摩乳房10 min，坚持数天左右，可促使母猪发情。

4.母猪发情的表现　母猪发情时，精神不安定，外阴部红肿，有时流出透明的黏液，食欲不振，用手按压其臀部，母猪稳立不动，有时耳和尾表现公猪配种时的反射动作等。这些足可说明母猪发情了。

5.最佳的配种时间　根据母猪发情的持续时间、排卵时间和卵子在输卵管里能同精子有受精能力的时间、母猪和公猪交配后精子到达输卵管壶腹部的时间和在输卵管壶腹部的精子能同卵子有受精能力的时间等决定，最佳配种时间是在母猪发情后 20～30 h。这正是母猪发情前期结束、发情开始、卵子从卵巢排出的时间。发情母猪的外阴部消肿，继续爬跨，用手按压其臀部稳立不动，呈等待配种的架势。如果配种过早，卵子排出时，精子已在输卵管壶腹部失去受精的能力。如果配种过晚，当精子到达输卵管壶腹部时，卵子已失去受精的能力。

在母猪配种期间，饲养员和技术员都要细心观察每头母猪的行为，准确地掌握每头母猪的发情时间。配种次数对母猪产仔数有一定的影响(表 4-1)，一般情况下，母猪一个发情期配种 2 次。如果对母猪发情掌握不准，也可进行第三次交配。假定 8～12 头母猪在 16 日上午发情了，按配种计划 17 日早 8 点喂饲前进行配种，8～12 h 后，也就是 17 日下午下班前复配 1 次。两次配种是在母猪发情后 20～30 h 完成。如果在 18 日上午 8～12 头母猪仍处于发情状态，没有安静下来，且性欲很高，可以进行第三次配种。公猪和母猪在配种前 0.5～1.0 h 不要饮水和喂饲料，配种结束后，休息片刻再进行喂饲和饮水。在配种过程中，有时需配种员或饲养员进行人工辅助配种。当公猪两前肢爬上母猪的背部，两手消毒后，托住阴茎顺势导入，在公猪站稳后才能离开，否则阴茎容易脱出。配种完毕后及时登记注册，详细记录配种时间、母猪和公猪的号别及配种次数等。

表 4-1　配种次数对母猪产仔数的影响

(引自庄庆士《瘦肉型猪生产技术》，1986)

配种次数	母猪头数	受胎率(%)	平均产仔数
1 次	178	62	84
2 次	130	89	11.8
3 次	300	95	12.0

6. 妊娠的鉴定　尽早鉴定配种后的母猪是否妊娠对生产十分有利。如果鉴定是妊娠了，则马上按妊娠母猪进行饲养管理；如果没妊娠，应立即采取措施，促进尽早发情再配种，以尽量缩短空怀期，不浪费时间和饲料。妊娠鉴定方法如下：

(1)从外部形态变化上来观察：若背毛光顺，眼睛发亮而有神，阴户下面联合的裂缝向上收缩而且成一条线，初步断定是妊娠了。

(2)发情表现的观察：配种后的母猪，经过一个发情周期(18～23 d)不见发情，食欲明显增加，能吃能睡，行动轻缓，性格温顺，这是妊娠的表现。

(3)激素反应观察法：给配种后 16～18 d 的母猪注射 1 mL 己烯雌酚，待 2～3 d 后发情了，说明没妊娠，不发情就是妊娠了。

(4) 超声诊断法：是利用超声波的物理特性，将其和动物组织结构的声学特点密切结合的一种物理学诊断法。其原理是利用孕体对超声波的反射来探知胚胎的存在、胎动、胎儿心音和胎儿脉搏等情况来进行妊娠诊断。实践证明，配种后 20～29 d 准确率为 80%，40 d 后为 100%。目前用于妊娠诊断的超声诊断仪主要有 A 型、B 型和 D 型。A 型超声诊断仪体积较小，如手电筒大，操作简便，几秒钟便可得出结果，适合基层猪场使用。B 型超声诊断仪可通过探查胎体、胎水、胎心搏动及胎盘等来判断妊娠阶段、胎儿数、胎儿性别及胎儿状态等。具有时间早、速度快、准确率高等优点，但价格昂贵、体积大，只适用于大型猪场定期检查。多普勒超声诊断仪(D 型)可通过测定胎儿和母体血流量、胎动等做较早期诊断。

(5)碘化法：取配种后的母猪尿 50～60 mL 放到 100 mL 的量筒中，测定其相对密度，应在 1.01～1.025 之间，如果过浓可加水稀释调整，然后将量筒中的尿液注入 100 mL 三角烧瓶内，并滴入碘酒少量，加热至沸腾，这时就会出现颜色的变化。妊娠母猪的尿液从上至下出现红色，如果没有妊娠，则出现淡黄色或褐绿色，当尿液冷却后颜色全部消失。

(三)妊娠母猪的饲养管理

从精子与卵子结合开始，经过胚胎着床，胎儿发育直到分娩的整个过程为妊娠期。在妊娠期的114 d中，根据胎儿生长发育的需求，要调整母猪的营养，以便保证妊娠期胎儿在母体内正常发育。要避免母猪发生疾病，防止流产，此外，应控制母猪的膘情，为产后哺育仔猪做好准备，对初产母猪还应注意其自身的生长发育，适当增加喂饲量。

1. 妊娠母猪的饲养

(1)妊娠母猪的饲养方法：在母猪的妊娠期内，根据母猪的生理及自身条件，应采取不同的饲养方式。

抓两头带中间的饲养方式：这种方式适用于断奶后膘情差的经产母猪，即在母猪妊娠初期加强营养，使其恢复繁殖体况。一般从配种前10 d开始到配种后20 d的1个月时间里，要加喂精料，特别是蛋白质丰富的饲料，待身体恢复后再按饲养标准饲养。妊娠80 d后，由于胎儿增重较快，日粮中再增加精料，以加强营养。这样日粮就形成一个高—低—高的营养水平(后期的营养水平应高于妊娠初期)。

步步登高的饲养方式：这种方式适用于初产母猪和哺乳期间配种的母猪。因为初产的母猪配种后本身仍处在生长发育阶段，而哺乳母猪担负着双重的生产任务，因此，整个妊娠期的营养水平应随胎儿体重的增大而逐步提高，到分娩前1个月达到最高峰，但在产前5 d左右，日粮再减少30%，以免造成难产。

前粗后精的饲养方式：这种方式适用于配种前身体良好的经产母猪。因为妊娠初胎儿还小，加之母猪膘情较好，就不需要另外增加营养，用一般青粗饲料饲喂即可。到妊娠后期，由于胎儿发育增快，营养需要量增加，就应增加精料的喂量。

(2)减少胚胎的死亡：母猪通常排卵20～25枚，卵子的受精率可达95%以上。而母猪的产仔数多在9～13头，这说明有30%～40%的受精卵死亡，受精卵的死亡有3个高峰时期。

前期死亡：精子与卵子在输卵管的壶腹部受精形成受精卵，受精卵呈游离状态，不断向子宫游动，到达子宫系膜的对侧上，在它周围形成胎盘。这个过程需12～24 d。受精卵第9至第13天的附植初期和第15至第21天的器官形成期，容易受到各种不利因素的影响而死亡，如热应激、饲养管理不当、喂料过多等。这是胚胎死亡的第一个高峰。

要减少在第一个胚胎死亡高峰期的胚胎损失，在配种前和平时生产中，应注意观察每头母猪的健康情况，有病及时治疗，不要把疾病带到妊娠期去。在炎热的夏季，猪运动场要搭上凉棚，防止烈日暴晒，避免热应激、控制采食量等。如果没有条件搭凉棚，可以早晚放妊娠母猪出来活动，避开烈日。对生产中的每个环节，都要认真考虑，以防不测。

中期死亡：妊娠第60至第70天，生长发育加快，营养需求增加。由于对母猪管理不当、咬架、拥挤、追赶、鞭打等，通过神经刺激而干扰子宫血液循环，减少胎儿的营养供给，易增加死亡。

后期死亡：妊娠后期至产前胎盘停止生长，而胎儿迅速生长。由于胎盘机能不全，胎盘循环失常，影响营养物质通过胎盘的供应，使营养不足的胚胎死亡。产前因受不良刺激，挤压、剧烈活动等，都可导致胎儿脐带血流中断而死亡。这是第三个胚胎死亡高峰。

为了保证胎儿的成活，对妊娠母猪使用标准的全价饲料，不允许喂给发霉、腐败、冰冻、变质、含有毒素和刺激性饲料。未去毒的菜籽饼、棉籽饼和白酒糟尽量不用。饲料的变换不能频繁，更不能突然改变。

(3)青绿多汁饲料的供应：在广大农村，青饲料的来源非常广阔，价格便宜，猪也喜欢吃。所以，在农村养猪要适当地利用这些资源。经验证明：在满足能量饲料和蛋白饲料的同时，给予适量的青饲料，可以补充饲料中维生素和矿物质的不足，从而获得良好的效果。此外，青饲料还可以代替部分精饲料，降低饲料成本。有很多农村养殖户，妊娠母猪的饲粮配方仍以青饲料为主，适当搭配精料，这种饲喂方式很不科学，需要调整，因为青绿多汁饲料中水分多，干物质少，大量采食容易造成能量不足，营养失衡。

（4）充足的饮水：要保证母猪充足的饮水。自动饮水器安装简单、花钱少、使用方便、卫生、节水、效益高，猪都可以随时喝到干净的水，有自来水条件的地方可以安装。

2. 妊娠母猪的管理　妊娠母猪管理工作的中心任务是做好保胎工作，防止机械性流产，这在妊娠后期母猪更为重要。

（1）适当运动。妊娠后的一个月，恢复母猪的种用体况，让母猪吃好、睡好、少运动。一个月后，让母猪有足够的运动，最好能放牧，妊娠后期让其自由运动，分娩前减少运动，雨雪天和严寒天气应停止运动，以防受冻和滑倒，造成流产。

（2）加强管理，防止机械性流产。对妊娠母猪不得追赶、鞭打、惊吓和洗冷水浴，防止流产。猪圈要平坦、干燥、清洁、保持冬暖夏凉。群饲母猪注意大小一致，防止大欺小、咬架，以免引起流产。

（3）做好夏季防暑和冬季保暖工作，并注意供给充足的饮水。适宜妊娠母猪的气温是15～18℃。因此，在夏季要首先做好孕猪的防暑降温工作，防止热应激。其措施是：猪舍门窗全部打开，使空气对流；给孕猪搭建凉棚，常向孕猪身上喷洒凉水，最好设浴池，让孕猪洗澡降温，以利于胎儿在母体内正常生长发育。冬季气温较低，最好将妊娠母猪养在暖圈内，或使用加温设备，提高舍内温度。妊娠母猪的需水量较大，每天供给清洁充足的饮水不少于3次，夏季5～6次，最好采用自动饮水。

（4）搞好疾病防治工作。平时应加强卫生消毒及疾病防治工作，尤其是布氏杆菌病、细小病毒病、伪狂犬病、钩端螺旋体病、日本乙脑病、弓形虫病、繁殖及呼吸综合征和其他发热性疾病等对猪的繁殖危害一定要注意预防；平时要保持猪体的清洁卫生，及时扑灭体外寄生虫，防止猪只瘙痒造成流产。

疫苗的注射：产后发生的仔猪腹泻、黄痢的死亡率很高，有的来不及治疗就大量死亡，损失很大。妊娠母猪产前 21 d 注射仔猪腹泻基因工程双价（K88/K99）灭活苗，效果很好，特别对黄痢有特殊的预防效果。

（5）按摩乳房。预产期前 20 d 左右，饲养员应该每天按摩乳房 10 min。一方面可提高泌乳量，另一方面多与母猪接触，可使母猪安静，减少恐惧心理，对分娩接产大有好处。

3. *母猪的分娩与接产*　分娩是母猪妊娠期的结束。做好分娩的护理，不仅可使母猪顺利生产，也可以使仔猪健壮、多活，这是养猪生产的一个重要环节。

（1）母猪的分娩预兆

乳房的变化：母猪在产前 15～20 d，乳房由后向前逐渐下垂，越接近临产期，腹底两侧像带着两条黄瓜一样，两排乳头呈“八”字形分开，皮肤紧张，初产母猪乳头还发红发亮。

乳头的变化：母猪前面的乳头能挤出乳汁时，约在 24 h 产仔；中间乳头能挤出乳汁时，约在 12 h 产仔；最后一对乳头能挤出乳汁时，在 4～6 h 产仔。

外阴部变化：母猪临产前 3～5 d，外阴部开始红肿下垂，尾根两侧出现塌陷，这时骨盆开张的标志。

临产母猪的精神及行为表现：临产前母猪神经敏感，紧张不安。护子性强的母猪，性情暴躁，难以接近，甚至咬人。如母猪出现衔草絮窝，突然停食，时起时卧，频频排粪，拉小而软的粪便，每次排尿量少，但次数频繁等情况，说明当天即将产仔。

在生产实践中，常以母猪衔草絮窝，最后一对乳头能挤出浓稠乳汁、挤时不费力、乳汁如水枪似射出，排小而软如柿饼状粪便，尿量少、排尿次数频繁等作为判断母猪即将产仔的主要征状。

(2)母猪临产前的准备工作

产前消毒与护理:在预产期前 7～10 d,产房的地面、圈栏要用 2%来苏儿、氢氧化钠或用其他消毒液进行彻底消毒一次,并及时晾干。同时对母猪进行体外检查,如有猪虱、皮肤疾病,应马上用药医治,防止传染给仔猪。产前 5～7 d,妊娠母猪应进入产房,熟悉新的环境。

准备好接产工具:毛巾 1 条,抹布 1 条,台秤 1 台,耳号钳子 1 把,5%碘酒 1 瓶,70%药用酒精 1 瓶,来苏儿 1 瓶,凡士林油 1 小瓶,催产素注射液 3 支,分娩记录本以及保温箱、红外线灯等仔猪采温设备(每窝仔猪一套),同时将垫草拿进舍内预温。

(3)接产与助产:母猪要分娩时,舍内要保持安静,禁止喧哗和大声说笑,以免刺激母猪影响分娩。母猪分娩主要有 4 个阶段,即准备阶段、排出胎儿阶段、排出胎衣阶段和子宫复原阶段。

胎儿娩出落地后,左手握住胎儿,右手将连于胎盘的脐带轻轻扯断,然后迅速将仔猪鼻孔和口腔中的黏液清除擦干,防止憋死。用柔软的垫草或抹布将仔猪全身擦干,擦时顺着毛的方向,由前向后、从上至下擦,动作越快越好。将脐带中的血液向仔猪腹部方向挤压,固定好靠近仔猪腹部那端的脐带,距腹部 4 cm 处用手掐断,在掐断处涂抹碘酒消毒(为防止断脐带时流血过多,不用剪刀而用手掐)。为了奶头固定方便,防止因仔猪抢乳头咬坏乳房,影响哺乳,仔猪出生后要把 8 个尖锐小牙剪掉、剪平。为了预防仔猪断乳、生长或育肥阶段的咬尾现象,出生后应将尾断掉。用断尾钳距离仔猪身体 1～2 cm 处剪断(可以只离断尾骨及血管,让其自行脱落),并用碘酒消毒断处,每剪尾一次后一定要对钳子进行消毒。

选留种猪的血统编号及处置:作为种猪选留的仔猪,传统的做法是给初生仔猪打耳号进行血统认定,即利用耳号钳在猪耳朵上打缺口,编号原则为:“左大右小,上一下三”,左耳尖缺口为 200,右耳 100;左耳小圆洞 800,右耳 400,见图 4-1。但这种做法对初生的仔猪产生很大的应激。现在一些种猪公司在不混淆仔猪血统关系的条件下,不打耳号,而是在仔猪保育期结束后,直接给猪打耳标。利用耳标进行血统认定,即用专用耳标写编号或血统信息,用专用器械——耳标钳固定在一侧耳朵中间即可。

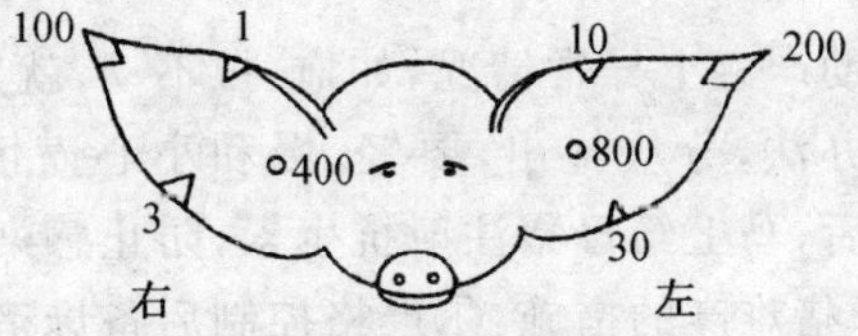

图 4-1　仔猪耳号

(引自郑友民《中国养猪》,2005)

将登记好的仔猪,及时放到母猪身边哺乳,使其吃好初乳,弱小的仔猪放到前面,强壮的放到后面,注意观察哺乳情况,并开始固定乳头。母猪在产仔结束(一般情况下 2～4 h)30 min 左右排出胎衣,应及时将胎衣、污染的垫草一起清除,不能让母猪吃胎衣,防止染上吃仔猪的恶癖。

(4)难产的原因及处置

难产的原因:母猪骨盆发育不全、产道狭窄、胎儿过大以及老龄、过肥和营养不良的母猪,在产仔过程中都易导致难产和分娩死亡。

难产症状:母猪闹圈结束后,卧下长时间不产,阵缩、努责和呻吟不断增多,母猪烦躁,卧立不安。接产过程中胎衣破裂,羊水流出,母猪用力时间较长,但仔猪生不下来;有的母猪顺利娩出几个胎儿后停了下来,阵缩、努责次数频繁,但再也娩不出胎儿。这些已告诉我们母猪发生难产了。

人工助产:先将手和手臂用 2%来苏儿洗净,再用 75%药用酒精消毒擦净,涂上凡士林油。给难产母猪外阴部洗净消毒后,将手指合拢、手心朝上,在母猪努责的间歇时,将手缓慢伸入产道,慢慢向前伸入，摸到胎儿时，握住或钩住适当部位（口腔、耳、腿等），配合母猪努责间歇，轻轻将胎儿拖出。老龄和过肥母猪，易发生难产，也有的母猪，羊水排除过早，产道干燥，分娩困难，都可用人工的方法将仔猪拉出。对老龄体弱、娩力不足的母猪，可肌肉注射催产素 3～5 mL。

如果人工助产碰上异常情况，如拖、拉不动，就只好舍弃胎儿，用肢解胎儿的办法，分块拖出，要轻、慢和小心谨慎，防止损伤产道。分娩结束后，马上给母猪注射抗生素，防止感染。

（5）预防母猪难产的措施：①严格控制后备母猪的配种年龄和体重。配种早了母猪发育不成熟，产仔时容易因骨盆狭窄而发生难产。②妊娠母猪必须适量运动。运动不仅可提高母猪的体力和健康，还可锻炼子宫肌肉的紧张性，有利于胎儿娩出，可减少难产发生。③妊娠期合理饲养。妊娠母猪摄入的营养，一方面是维持本身代谢需要，另一方面是供应胎儿发育的需要。因此，对妊娠母猪要使用全价饲料。合理的饲养既保证需要，又不营养过剩，使妊娠母猪始终维持中等膘情，这样可以减少难产发生。④年龄大、胎次多、体质弱、膘肥、产道狭窄的母猪，应及时淘汰。

（四）哺乳母猪的饲养管理

母猪分娩时，生殖器官发生了急剧的变化，机体的抵抗力明显下降。因此，母猪产后要进行妥善的护理，让其尽早恢复健康，投入正常的生产。

1. 母猪产后的饲养管理　分娩时体力消耗很大，体液损失多，母猪表现出疲劳和口渴，因此，要准备足够的、温热的 1%盐水，供母猪饮用。

母猪分娩后 8 h 内不宜喂料，保证供应温水，第 2 天早上再给流食，因为产后的母猪消化机能很弱，应逐步恢复饲喂量。母猪产后 2～3 d，可根据母猪的膘情及食欲，逐渐增加精料量，产后一周左右转入哺乳期的正常饲养。

母猪分娩结束后，要及时清除污染物，墙面、地面、栏杆擦干净后，喷洒2%来苏儿进行消毒，给母猪创造一个卫生、安静、空气新鲜的环境。

细心观察分娩后的母猪和仔猪的动态。母猪产后其子宫和产道都有不同程度的损伤，病原微生物容易入侵和繁殖，给机体带来危害。对常发病如子宫炎、产后热、乳房炎、仔猪下痢等病症应早发现早治疗，以免全窝仔猪被传染。例如发现有一头母猪精神不振、食欲减退、有剩料等现象，要及时查明原因，如果是因子宫发炎所致，连续注射青霉素2 d后可痊愈，一般不会影响仔猪哺乳。如发现有仔猪下痢，应立刻清除传染源，并及时治疗。

母猪分娩3 d后，可放进运动场自由活动，使其接触阳光，恢复体力，促进消化，对提高泌乳量十分有益。但是活动时间不能太长，防止受凉和惊吓。

2. 泌乳母猪的饲养

(1)母猪乳房结构和泌乳特点：猪的乳房没有乳池，每个乳头周围有2～3个乳腺，每个乳腺有小乳管通向乳头外端，各乳头之间没有联系。因为没有存贮乳汁的乳池，所以不能随时挤出乳汁。母猪的泌乳是受神经与体液控制的，通过仔猪拱奶刺激，向大脑传导，并分泌催产素，当听到母猪"哼哼"的叫声时，仔猪就会发出有节奏的吸乳声，说明母猪已经放乳。猪乳的分泌在分娩后最初2～3 d是连续的，这有利于出生仔猪找到乳头吃乳。在3 d以后由于仔猪拱揉母猪乳房才能放乳。母猪在放乳前，先发出"哼哼"声，称为"唤奶"，仔猪听到后很快就会聚集在母猪腹部附近，待仔猪用鼻嘴拱揉乳房2～5 min后便开始放乳。根据这个特点，初生仔猪需要固定乳头，否则就会挨饿。另外，乳头位置不同产奶量不同，通常每个乳头上有2～3个乳头管，前部乳头的乳头管较后部的多。因此，前部乳头比后部乳头的产奶量高。母猪产后2～3 d内的乳叫初乳，以后所产的乳叫常乳。母乳的泌乳高峰在20～

30 d 之间,30 d 后泌乳量下降。

(2)营养需要:日粮应优质全价,一般哺乳母猪饲粮中粗蛋白含量应为 16%左右,且要保证各种必需氨基酸需要,对哺乳母猪多喂富含维生素的饲料,通过乳汁保证仔猪维生素营养的供给。

(3)饲料的投喂量及投喂次数:泌乳母猪实行自由采食,日喂量应达到 5.5~8.0 kg,哺乳期提升母猪的饲喂量对母仔均有利。每日投喂 4 次较好,时间要固定,一般在每天的 6、10、14 和 22 时为好,特别是最后一次不要提前,让母猪有饱感,夜间安静休息,以免起立寻食,踩死或压死仔猪。

(4)充足的饮水:猪乳中含水分在 80%左右。因此,充足的饮水对母猪泌乳十分重要。母猪哺乳期的需水量大,每天达 32 L。只有保证充足清洁的饮水,才能有正常的泌乳量。产房内要设置乳头式自动饮水器(流速每分钟 3 L)和防水设备,保证母猪随时都能饮水。有条件的可以喂催乳饲料。如豆饼浆汁、打浆的青绿多汁饲料等。

(5)饲料结构要稳定,品质要优良:饲料结构要相对稳定,不要频繁变动饲料品种,以防引起应激反应;饲料的品质要优良,不要饲喂发霉、变质和有毒饲料,以免造成乳质改变引起仔猪腹泻。

(6)控制母猪失重:母猪在整个哺乳期失重是正常的现象,但失重多少与饲养水平及母猪的日采食量有十分密切的关系。如果母猪摄入的营养能满足维持自身需要和泌乳需要,就不会发生失重、掉膘现象。母猪在哺乳期如果营养物质供应不足,失重太大,必定会影响下一次的发情和排卵,直接影响了下次的繁殖成绩。生产上母猪通过分解体脂供应泌乳是不经济的,应控制哺乳期母猪失重率,一般以不超过 15%~20%为宜。初产母猪的采食量,除满足泌乳与维持需要外,还应考虑自身生长发育的需要。哺乳母猪日平均采食量,初产母猪为 3.5~4.0 kg 混合料,经产母猪为 5.0~5.5 kg 混合料。

3. 哺乳期母猪的管理要求

(1)保持良好的猪舍环境。猪舍内要求保持温暖、干燥、卫生、空气新鲜。粪便要随时清扫，如果栏圈肮脏、潮湿会影响仔猪的生长发育，严重的会患病死亡。冬季应注意防寒保温；夏季应注意防暑降温。经常消毒，最好每 2～3 d 用对猪无副作用的消毒剂消毒猪栏和走道；保持猪舍的安静舒适环境。

(2)保护母猪的乳房和乳头。母猪产后即可用 40℃左右的温水擦洗乳房，可连续进行数天，这样既清洁了乳房，对母猪也是一种良好的刺激。母猪乳房乳腺的发育与仔猪的吸吮有很大关系，特别是头胎母猪，一定要使所有的乳头都能均匀利用，以免未被吸吮利用的乳房发育不好，影响泌乳量。圈栏应平坦，特别是产床要去掉突出的尖物，防止刷伤、刷掉乳头。对乳房和乳头受伤时要及时处理，以防感染发病。

(3)加强运动。有条件的地方，特别是传统养猪，让猪自由运动、携子户外运动或放牧运动，能促进代谢，有利消化，增强母猪体质，同时接触土壤和啃牧草，能获得一些微量元素和维生素，从而提高泌乳量，改善乳汁，能促进仔猪生长发育。无放牧条件的，最好每天能让母仔有适当的室外逍遥活动时间。

(4)及时处理患有乳房炎、产褥热和产后奶少或无奶的母猪。母猪发生乳房炎时，其乳汁的成分变化很大，俗称“火奶”。仔猪吃了这种奶后会引起消化不良或下痢。一旦发现有乳房炎尽快治疗，如是非细菌性乳房炎，治疗时可按摩乳房，将残存乳汁挤出，每天 4～5 次，2～3 d 乳房出现皱褶，逐渐上缩恢复正常；如是细菌性的可用抗生素或磺胺类药物治疗。

产褥热是由于产后感染造成，一般体温升高到 41℃，全身痉挛，泌乳停止。应将仔猪全部寄养，对母猪及时治疗。

产后乳少或无乳的母猪应查明原因，采取相应措施。特别对消瘦和乳房干瘪的母猪，除加强营养外，可喂一些催乳饲料，如豆浆、麸皮汤、小米粥、小鱼汤等;对膘情较好而奶量不足或无奶的母猪,也可用中药催奶。中药通草煎水,拌在饲料中饲喂,每天两次,连用3 d,健胃促奶;还可用当归、王不留行、漏芦、通草各30 g,水煎配麦麸喂服,每天1次,连喂3 d;或用木通、茴香各30 g,加水煎煮,拌少量稀粥分2次喂服。对母猪过肥造成奶少或无奶的,应减料、加强运动,降低膘情。

(五)空怀母猪的饲养管理

空怀母猪是指那些带仔母猪断奶后至再次发情配种之前的一段时期的母猪。一般正常情况下,断奶后母猪经7～10 d即可发情配种。但也有些母猪发情时间延长,或者不能正常发情配种。母猪在经过较长时间的哺乳期的泌乳,体内贮备物质消耗很大,一般断乳后母猪要比产仔时体重减轻20～40 kg,致使母猪体况明显下降,有的甚至瘦弱不堪,严重影响了母猪繁殖机能的正常,使其不能正常发情排卵;也有些母猪由于哺乳期带仔猪头数较少,而饲料供给又较多,造成母猪不仅没有消耗体内贮备,反而变得更加肥胖,也导致繁殖机能失常而不能及时发情配种。当然,还有其他情况,如母猪患病等原因造成母猪发情不正常。因此,空怀期母猪饲养的主要任务,就是要尽快恢复母猪的种用体况,使母猪能够正常及时发情配种,尽量缩短空怀期,提高母猪配种受胎率。

1.空怀母猪的营养需要　空怀母猪没有其他生产负担,主要任务是尽快恢复种用体况,所以其营养需要比其他母猪要少。在能量需要上可适当降低饲料日粮能量水平,每千克饲料含消化能$(1.17 \sim 1.21) \times 10^7$ J即可。蛋白质含量每千克饲料达12%～13%即可。所以这时期母猪的饲料可以多饲喂一些粉渣、酒糟之类的粗饲料,可占饲料比例的20%～30%。另外,空怀母猪应注意矿物质、维生素的供给,尤其可以多饲喂一些青绿多汁饲料,这对于空怀母猪迅速补充泌乳期矿物质的消耗,恢复母猪繁殖机能的正常、及时发情配种是十分有利的。

2. 空怀母猪的饲喂技术　空怀母猪一般一天可饲喂3次。饲料形态最好为用水拌匀的潮湿料，以利母猪采食。但要注意针对每个母猪膘情酌情增减饲料喂量，过于肥胖的母猪应适当减少饲喂量，以利减肥；过于瘦弱的母猪应适当增加饲喂量，以使其尽快恢复种用体况。

3. 空怀母猪的群饲　为了节省圈舍，空怀母猪一般为小群饲养。但群饲时为了防止互相争食，造成瘦弱母猪采食不到应有的饲料而得不到体况恢复，应注意合理分群。把体重大小相近、采食习性一致、性情相近的母猪放在一起饲喂，并且应注意观察，一旦发现某些母猪争抢不到食物时，应及时分离出来，并进行再次调整猪群，直到都能吃到饲料为止。

4. 及时治疗疾病　有些空怀母猪体况得不到恢复，不能正常发情配种，很可能是疾病造成的。母猪经过泌乳期使体内物质消耗很大，往往会因营养物质失衡而造成食欲不振、消化不良等消化系统疾病以及一些代谢性疾病。有些母猪则可能因上次产仔而患有生殖系统疾病，如子宫细菌感染导致子宫炎等。因此，我们一方面要供给母猪合理营养，另一方面要认真检查和治疗空怀母猪疾病，以使其能够正常发情配种。

5. 认真进行选择淘汰　母猪的空怀期也是我们进行选择淘汰的时期。选择淘汰母猪的标准主要是看母猪的繁殖性能的高低、母猪的体质情况和年龄情况。首先应检查母猪的上一次产仔情况，把那些产仔数明显减少、泌乳力明显降低、仔猪成活数少的母猪淘汰掉。其次，把那些体质衰弱而无力恢复的母猪，年龄过于老化而繁殖性能较低的母猪淘汰，以免降低猪群的生产水平。

6. 实行短期优饲促进排卵　短期优饲就是母猪在配种前的一段较短的时间内，给母猪提供较高能量水平和营养水平的饲料进行饲喂，以促进母猪发情，增加母猪的排卵数。试验证明，对后备母猪配种前适当加料可增加排卵数，一般以配种前10～14 d开始加料效果最显著，可提高后备母猪排卵数。经产母猪从仔猪断奶到再次配种的短时期内加料，对其促进排卵和产仔数的提高的影响不如后备母猪，但也有一定效果。

7. 及时观察母猪发情　正常情况下，空怀母猪断奶后7～10 d就会表现发情。饲养人员要认真观察，以便及时发现，及时配种。观察的时间最好在早饲前和晚饲后，每天观察2次。可以直接观察，也可以驱赶公猪到母猪圈试情的方法。尤其公猪试情方法确定发情母猪比较及时、准确。

四、仔猪的饲养管理

(一)哺乳仔猪的生理特点

1. 生长快、代谢旺盛、养分利用能力强　初生仔猪重量一般只有1 kg左右，仅占成年体重的1%左右，而在10日龄时体重可达初生重的2.1倍，30日龄时可达初生重的5～6倍，2月龄时是初生重的10～15倍。由此可见，仔猪出生后的很短一段时期内生长发育非常快。

仔猪生长发育快的主要原因是其营养物质代谢旺盛，特别是蛋白质、钙、磷的代谢明显高于成年猪，正因为仔猪出生后的营养物质代谢旺盛，因此供给全价日粮特别重要。

2. 消化器官不发达、消化机能不完善　仔猪初生时虽然消化器官已形成，但容积很小，结构和机能也不完善。以后随着年龄的增加而逐渐完善。初生仔猪胃容积30～40 mL，排空很快，这就要求增加饲喂次数。以后消化器官生长迅速，60日龄胃重达到150 g，4周龄时小肠重量为初生时的10～17倍。消化器官这种迅速的生长一直保持到7～8月龄，之后开始降低，到13～15月龄才接近成年水平。

初生仔猪胃肠功能不全还表现在胃液分泌上，由于仔猪胃和神经系统之间的联系还没有完全建立，缺乏条件反射性的胃液分泌，只有当食物进入胃内直接刺激胃壁后，才分泌少量胃液，抑菌、杀菌能力很弱，因此饲喂仔猪时要特别注意卫生，以减少病原侵袭。随着仔猪日龄的增长和食物对胃壁的刺激，盐酸的分泌不断增加，到35～40日龄胃蛋白酶才表现出消化力，仔猪才可利用多种饲料，直到2.5～3月龄，胃内盐酸浓度才接近成年猪水平。实践证明，早期补料，可直接刺激胃壁功能，缩短胃机能不完善时间，提高消化力，增加抗病力。哺乳仔猪消化机能不完善还表现在食物通过消化道的速度较快。食物进入胃内排空的时间，15日龄时为1.5 h，30日龄时为3～5 h，60日龄时为16～19 h。

3. 体温调节机能不完善，抗寒能力差　仔猪的日龄越小，其体温调节能力越差。仔猪体温为39℃左右，刚出生时的适宜环境温度为30～32℃，当环境温度偏低时仔猪体温开始下降，可下降到1～7℃。初生仔猪体温下降的幅度及恢复所用的时间视环境温度而变化，环境温度越低则体温下降的幅度越大，恢复到正常体温所用的时间越长。当环境温度低到一定范围时仔猪会冻僵、昏迷，甚至冻死。初生仔猪毛稀、皮薄，皮下脂肪少也是不耐寒的原因之一。一般而言，仔猪出生体重大，耐寒性强，出生体重小，御寒能力就差。在早春或冬季出生的仔猪，做好防寒保温工作是提高仔猪成活率的重要措施。

4. 缺乏先天免疫力，抗病力弱　初生仔猪没有先天性免疫力，自身也不能产生抗体。只有吃到初乳以后，通过初乳把母体的抗体传递给仔猪，以后逐渐过渡到自身产生抗体而获得免疫力。母猪分娩时初乳中免疫抗体含量最高，以后随时间的延长而逐渐降低，分娩时每升初乳中含有免疫球蛋白20 g，分娩后4 h下降到10 g，以后还要逐渐减少。所以，初生仔猪及时吃到初乳是提高仔猪成活率的关键。

初生仔猪10 d以后自身才开始产生抗体，但到30～35 d前数量还很少。所以，仔猪3周龄以内是免疫球蛋白青黄不接的阶段，加上胃液内又缺乏游离盐酸，对从饲料饮水等进入胃内的病原微生物没有消灭和抑制作用。因此，应经常保持母猪乳房乳头的卫生、圈舍环境的清洁干燥、饲料饮水的卫生，以减少病原微生物的侵袭，保证仔猪的健康。

(二)哺乳仔猪的养育技术

1.分娩时仔猪的假死及处理　仔猪的假死是当胎儿出生后，全身松软，停止呼吸，但心脏和脐带根部还在跳动。造成仔猪假死的原因主要是胎儿在母体子宫内胎位不正，胎儿脐带受压或扭转，脐带在产道里过早拉断，在没有及时娩出的情况下胎儿受憋的结果。可采用以下方法处理：

急救办法以人工呼吸最为简便常用。具体操作步骤是：假死仔猪出生后，立即清除口腔、鼻内和体表的黏液，然后左右手分别握住仔猪肩部与臀部，腹部朝上，而后双手向腹中心回折，并迅速复位，双手一屈一伸反复进行，一般经过几次来回，就可以听到仔猪猛然发出声音，如此徐徐重做，直到呼吸正常为止。

有时假死仔猪的急救也采用药物刺激法，即用酒精、氨水等刺激性强的药液涂擦于仔猪鼻端，刺激鼻腔黏膜恢复呼吸。

2.提高仔猪成活率的主要措施

(1)固定奶头，吃足初乳。初乳是指母猪分娩后 3 d 内分泌的淡黄色乳汁(引入品种为 24 h 内的乳汁)。母猪的初乳对仔猪有着特殊的生理作用，可增强体质和抗病能力，提高对环境的适应能力；初乳中含有较多镁盐，具有轻泻性，可促使胎粪排出；初乳的各种营养物质在小肠内几乎全被吸收，有利于增加体能和产热。因此，使初生仔猪吃足出生后 12～24 h 的初乳，是仔猪培育过程中至关重要的技术措施之一。

仔猪有固定乳头吸乳的习性，即生下后起初吸吮哪个乳头，直到断乳时还是固定吸吮哪个乳头。在母猪分娩结束后，将仔猪放在躺卧的母猪身边，让仔猪自寻乳头，等大多数找到乳头后，对个别弱小或强壮争夺乳头的仔猪再进行调整。生产中常将弱小的仔猪固定在中间几对乳头吸乳，既能吃饱又不浪费，较强的仔猪固定在靠后边乳量较少的乳头上，中强仔猪固定在靠前边的乳量多的乳头上，这样可使全窝仔猪都能充分发育。

(2)控制温度。母猪临产前可用红外线灯加热，使产房局部温度达到 30～32℃。分娩时红外线加热灯应在产栏后侧及产栏中间(母猪乳房中间稍后位置)各一个，产后去除母猪后侧加热灯，保留产栏中间加热灯。这样既可保证仔猪对热量需求，加快仔猪体表干燥，避免仔猪受寒冷刺激，又可保证母猪免受热应激(尤其闷热多雨季节)。夏季一般产后 5 d 去掉红外线加热灯，一个加热灯供两个猪栏使用；冬季一般产后 10 d 去除红外线加热灯。具体去除加热灯时间根据产房温度和仔猪体况来确定。秋末、冬季、初春等气候寒冷季节应启动地板加热器，避免仔猪受寒拉稀。加热灯的高度应随仔猪休息情况来调节，如仔猪全部远离加热灯休息，说明灯下过热，须把加热灯往上调节。产栏温度以仔猪群平卧或侧卧但不聚堆为宜。温度表应挂在与仔猪一样高的位置。加热灯悬挂离地面高 40 cm 时，即可满足仔猪对环境温度的需求。仔猪生长的适宜温度：出生日龄 1～7 d，温度在 32～28℃；8～30 d，温度在 28～25℃。可以设仔猪保温箱。仔猪保温箱如图 4-2 所示。

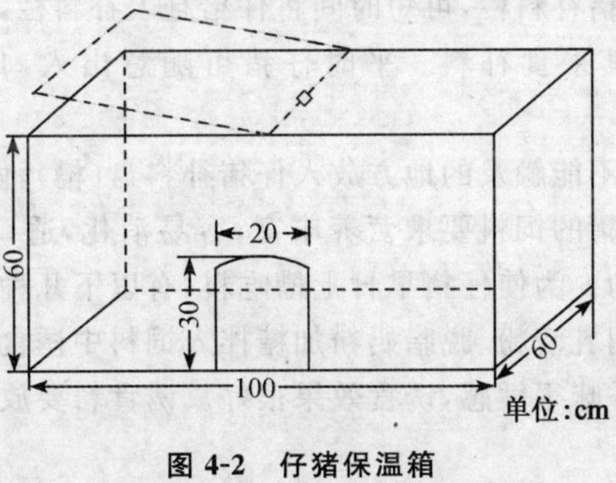

图 4-2 仔猪保温箱

(引自王振来《养猪生产技术与管理》，2004)

(3)及早补饲

①首先是饲料的补充,初生仔猪完全依靠吃母乳为主。随着仔猪日龄的增加,其体重和所需营养物质与日俱增,而母猪的日泌乳量到产后 20～30 日龄达到泌乳高峰,以后则逐渐下降,仔猪生后 2～3 周单靠母乳就不能满足其快速生长发育的需要。因此,在生产上补料应在生后 5～7 d 开始。大约到 2 周龄时就会上槽吃少量饲料,开始给仔猪补充部分营养。补料的方法如下:

调教期,从开始训练到仔猪认料,约需 1 周时间,即仔猪 7～14 日龄。这时仔猪消化器官处于强烈生长发育阶段,母乳基本上能满足仔猪的营养需要。但仔猪此时开始出牙,牙床发痒,喜欢四处活动、啃食异物。此时补料在于训练仔猪认料,锻炼仔猪咀嚼和消化能力,避免仔猪啃食异物,防止下痢。每天数次将仔猪关进补料栏,限制吃乳,强制吃饲料,在补料槽里放上粒料,让仔猪自由采食。

适应期,从仔猪认料到能正式吃料的过程需 10 d 左右,即仔猪 15～30 日龄。这时仔猪对植物性饲料已有一定的消化能力,母乳不能满足仔猪的需要。补料的目的一是提供仔猪部分营养物质,二是进一步促进消化器官能适应植物性饲料。每个哺乳母猪圈都装有仔猪补料栏,可短时间将仔猪赶入补料栏,限制仔猪的自由出入,让其采食补料。平时仔猪可随意出入,日夜都能吃到饲料。

在母猪不能触及的地方放入仔猪补料盘(槽),做到少喂勤添。

哺乳仔猪的饲料要求营养丰富,容易消化,适口性强,粒度适当,搅拌均匀。为使仔猪早日上槽吃料,有以下几种诱食方法:

第一,用乳清粉、脱脂奶粉加糖拌入饲料中诱食。仔猪的嗅觉灵敏,对乳香味很敏感,诱食效果很好。诱食料要放在仔猪常活动的地方。

第二,用炒熟的大麦或玉米磨成粗粉诱食。

第三,用膨化饲料诱食。膨化饲料经熟化后易消化,有香味,又较松脆,仔猪爱吃。

第四,用嫩青料诱食。将青菜嫩头、甘薯藤嫩头、南瓜丝、甘薯丝等撒到诱食料上,由于仔猪爱吃嫩青料,就把诱食料也带入口中,几次后就采食了。

第五,将诱食料放在仔猪补料栏内,然后在仔猪兴奋活动时间将其关在补料栏内强迫吃料一段时间,这样能加速仔猪采食。

②其次是补充微量元素,对仔猪生长关系较密切的微量元素有铁、铜和硒。

补铁:铁是形成血红蛋白和肌红蛋白所必需的微量元素,同时又是细胞色素酶类和多种氧化酶的成分。初生仔猪出生时体内铁的总贮存量约为 50 mg,每天生长需要约 7 mg,而母乳中含铁量很少(每 100 g 乳中含铁 0.2 mg),仔猪从母乳中每日仅能获得 1 mg 铁,给母猪补饲铁也不能提高乳中铁的含量。因此,仔猪体内贮存的铁很快耗尽,如得不到补充,一般于 7 日龄左右会出现缺铁性贫血,表现出食欲减退、皮肤苍白、生长停滞等症状,严重者死亡。

缺铁的仔猪,抗病能力减弱,容易生病,为防止仔猪贫血给生产造成损失,仔猪生后 3 日龄时补铁。补铁方法有口服和肌肉注射两种。

口服铁铜合剂补饲法,把 2.5 g 硫酸亚铁和 1 g 硫酸铜溶于 1 000 mL 水中配制而成,装于瓶内,当仔猪吸乳时,将合剂滴在乳头上使仔猪吸食或用乳瓶喂给,每天 1～2 次,每头每天 10 mL。当仔猪开始吃料后,可将合剂拌在饲料中喂给。

肌肉注射补铁,肌肉注射生产上应用较普遍。补铁针剂有英国的血多素、加拿大的富血素、广西的牲血素、上海的右旋糖酐铁等,一般于 3 日龄注射一次,1～2 mL/次,7 日龄再注射一次,注射部位可选在颈部或臀部肌肉厚实处。

补铜:铜与体内正常的造血作用和神经细胞、骨骼、结缔组织及毛发的正常发育有关。高剂量铜(50～250 mg/kg)对仔猪的生长和饲料利用有促进作用。

补硒:硒与维生素 E 的吸收、利用有关。硒缺乏会引起白肌病、肝坏死、食欲减退、增重缓慢、严重者甚至突然死亡。仔猪对硒的日需要量,根据体重不同一般为 0.03～0.23 mg。对缺硒仔猪可于出生后 3～5 日龄,肌肉注射 0.1%亚硒酸钠溶液 0.5 mL,30 日龄再注射 1 mL。补硒时,同时给予维生素 E 会具有更好的效果。

③还有就是水的补充,由于仔猪生长迅速,代谢旺盛,母乳中含脂肪量高(7%～11%),需水量较多。仔猪常感口渴,如不及时给仔猪补水,仔猪会因喝脏水或尿液而引起下痢。目前一些工厂化的猪场都给产房或产床安装供仔猪饮水的自动饮水器,与水盆结合使用,诱导仔猪使用自动饮水器,保证哺乳仔猪随时饮水。如果没有自动饮水装置,仔猪生后 3 日龄起可在补饲间设饮水槽和饮水器,开始补给清洁饮水,水槽要经常刷洗消毒,水要勤更换以保持新鲜,并可稍加甜味剂,冬季可供给温热水。

3. 防止踩压仔猪　哺乳期仔猪,因踩压致死的占仔猪死亡总数的 30%～50%,其损失十分惊人。为减少损失,增加仔猪的成活率,应注意的是母猪踩压仔猪,母猪踩压仔猪多发生在仔猪出生后的 1～7 d 内。这一阶段应该特别注意。

(1)仔猪被踩压的原因

仔猪方面:初生仔猪反应迟钝,行动迟缓,对外界的意外情况经常躲防不及,特别是弱小的仔猪,活力不强,稍有不慎就容易被母猪踩伤或压死。

母猪方面:体型大的母猪爬卧面积大,体肥的母猪自身重量大,初产母猪缺乏带仔经验,性情急躁的母猪动作敏捷,都容易踩压仔猪。鞭打、锹拍母猪时,猪躲避挨打急忙逃蹿时,最容易踩伤仔猪。母性强的母猪，当吃料、饮水或排尿后，想要爬卧时，先看看想趴卧的地方有没有仔猪，如果有则轻轻用嘴拱走，然后缓慢地趴下。如果有仔猪尖叫时，马上起来。与此相反，母性差的母猪，趴卧时根本不管有无仔猪，而且是迅速地趴下，被压的仔猪拼命呼叫它都不动，饲养人员来解救时，打它都不愿起来，对这样的母猪要十分注意。

饲养管理方面：猪舍和猪栏的温度不当，温度过高，十几头仔猪为便于散热，分散趴卧于栏内各处。温度过低，仔猪紧贴在母猪身边，有的仔猪钻进垫草里，这时都容易被踩压。猪栏面积小，仔猪总是围绕母猪身前身后转，无回旋的地方，这时踩伤仔猪是常见的。母猪吃不饱，喝不足，就会使母猪趴卧不稳，总起来寻吃，喝水，增加了起卧次数，也就增加了踩压仔猪的机会。饲养员与母猪间要建立融洽和睦关系，不打母猪，特别是哺乳期，如果打了母猪，就在它躲避的一瞬间，易踩死仔猪，造成损失。

(2)防止踩压的措施：在仔猪死亡率最高的1～7日龄，加强管理，做到精心护理，耐心照顾，巡视每头母猪在饮食、排便及趴卧情况，特别注意母性不强的母猪，一旦听到仔猪的尖叫声，迅速去解救。在短时间内压死的仔猪，可拍打仔猪耳根或做人工呼吸的方法来救活。防止踩压仔猎的措施如下：

设立护仔栏。一开始人工控制哺乳时间，按母猪放乳规律放仔猪去哺乳，当放乳结束，仔猪对乳房进行2～3 min的乳后按摩，最后给少时间的活动，将仔猪收回护仔栏内，挡好隔门。等下一次放乳时，再循环一次，经过反复多次循环，给仔猪养成一个规律：到时间先去乳前拱揉乳房哺乳—乳后按摩乳房—自由散步—回到护仔栏内休息。2～3 d后，可以去掉隔门让仔猪自己按母猪的放乳时间去哺乳，最后都回到护仔栏趴卧休息。

在哺乳期时，严格禁止饲养员粗暴地饲养管理，不得鞭打母猪，否则不仅会发生踩伤或踩死仔猪，还会降低母猪的泌乳量，严重影响仔猪的生长发育。

安装防压管。母猪有沿墙边或墙角趴卧的习惯，踩压仔猪多发生在这些位置，在这些危险区域安装固定防压管是十分必要的。防压管直径在 3 cm 以上，距地面高 20 cm，距墙面宽 20 cm，用电焊将上、下、前、后焊牢固。这样不管母猪怎么趴卧，母猪都贴不到墙边和墙角。在墙角及两个边形成了一个直角形的安全通道，当母猪趴卧时只能把仔猪挤到防压管下面，而压不着仔猪。

有条件的猪场，可专门修建母猪分娩舍，内设产仔笼，每个笼容纳一头母猪，随便站立、趴卧，产仔架两侧有仔猪保育栏，仔猪哺乳和活动自由出入。因为产仔架较窄，母猪趴卧时的速度自然放慢，仔猪有足够的时间躲开，起到防压效果。

4. 预防疾病　对仔猪危害最大的是腹泻。仔猪腹泻病包括多种肠道传染病，最常见的有仔猪黄、白痢和轮状病毒腹泻等。防止仔猪腹泻和促进生长，预防措施如下：

(1)养好母猪。加强妊娠母猪和哺乳母猪的饲养管理，防止母猪妊娠期过肥，保持适中，保证胎儿的正常生长发育，产出体质健康的仔猪。也可以妊娠母猪产前 21 d 注射仔猪腹泻基因工程双价 K88、K99 灭活苗，效果很好，特别对黄痢有特殊的预防效果。另外，由于母猪产后第一周是生理限食期，如果恢复饲料量过急，加料过早，因饱食而损伤了消化器官，降低了消化机能，影响了后期的食欲和消化能力，从而降低了泌乳量，使仔猪生长发育受到影响。

(2)保持猪舍清洁卫生。产房最好采取全进全出制，前批仔猪转走后，地面、栏杆、网床等要彻底的清洗、消毒，消灭引起仔猪腹泻的病菌、病毒。同时，做好常规消毒处理也非常重要。

(3)保持良好的环境。产房应保持适宜的温度、湿度，控制有害气体的含量，使仔猪生活得舒服，体质健康，有较强的抗病能力。

5. 寄养　在猪场同期有一定数量母猪产仔的情况下，将多产、无奶吃、母猪产后因病死亡的仔猪寄养给产仔少的母猪，是提高仔猪成活率的有效措施。当母猪头数过少需要并窝合养，也需要进行仔猪寄养。仔猪寄养时一定要注意以下几方面问题：

(1)猪产期应尽量接近，最好不超过 3 d。后产的仔猪向先产的窝里寄养时，要挑体重大的寄养；而先产的仔猪向后产的窝里寄养时，要挑体重小的寄养，以免体重相差较大，影响体重小的仔猪发育。

(2)寄养的仔猪一定要吃到初乳。仔猪吃到初乳才容易成活，如因特殊原因仔猪没吃到生母的初乳时，可吃养母的初乳。养母猪必须是泌乳量高、性情温顺、哺乳性能强的母猪，只有这样的母猪才能哺育好多头仔猪。

(3)使被寄养仔猪与养母猪有相同气味。猪的嗅觉特别灵敏，母仔相认主要靠嗅觉来识别。多数母猪追咬别窝仔猪，不给哺乳。为了顺利寄养，可将被寄养的仔猪涂抹上养母猪奶或尿，也可将寄养仔猪和养母所生仔猪关在同一个仔猪箱内，经过一定时间后同时放到母猪身边，使母猪分不出被寄养仔猪的气味。另外，使用酒精或其他温和消毒剂同步喷洒，让母猪难以辨认，也可以达到相同目的。

6. 去势(阉割)　商品猪场的小公猪、种猪场不能做种用的小公猪，可在断乳前进行去势，生长发育良好的仔猪，可于出生后 15 日龄，体重 3～4 kg 去势。仔猪去势越早，应激越小，伤口愈合越快，手术越简便。去势前后的注意事项如下：

首先，去势仔猪要健康无病，去势前 2 h 断食。

其次，去势过程中一定要严格消毒，去势时只开一个刀口，刀口尽量小，刀口要开在阴囊下端，便于血水流出，术后伤口做消毒处理。

第三，去势过程中要对阴囊疝猪倍加小心，不要把肠管戳破。去势后 1～2 d，要经常观察是否有意外发生，如肠漏出等。

最后，地面和垫草要清洁、干燥，以免污染伤口。

(三)断奶仔猪的保育技术

断乳是哺乳阶段的结束，仔猪生活条件面临又一次大转变。因为仔猪的断乳是离开母猪而独立生活的开始。这时虽然仔猪生长发育很快，但是它的消化机能和抵抗能力还不十分健全，易出现生长发育缓慢、疾病、僵猪甚至死亡等，因此断乳仔猪的保育十分重要。

1. 仔猪早期断乳及早期断乳的优点　传统养猪仔猪一般生后56～60日龄断奶。仔猪早期断奶是指仔猪生后3～5周龄离开哺乳母猪，开始独立生活。仔猪生后2周龄以内离开哺乳母猪的称为超早期断奶。多数国家推广4～5周龄断乳。生产实践表明，我国南方地区4周龄，北方地区5周龄断乳为宜。

(1)提高母猪年生产力。母猪生产力一般是指每头母猪一年所提供的断奶仔猪数。仔猪早期断奶可以缩短母猪的产仔间隔(繁殖周期)，增加年产仔窝数。

(2)提高饲料利用效率。仔猪越早断奶，母猪在哺乳期耗料就越少。从饲料利用率来看，仔猪断奶后直接摄取饲料所获得的饲料利用率，要比断奶前饲料通过母猪摄取然后转化为乳汁、再由仔猪吮取乳汁转化为体组织的要高。

(3)有利于仔猪的生长发育。早期断奶的仔猪能自由采食营养水平较高的全价饲料，得到符合本身所需各种营养物质。在人为控制环境中养育，可促进断奶仔猪的生长发育，防止落后猪只的出现，使仔猪体重均一，减少患病和死亡。

(4)提高分娩猪舍和设备的利用率。工厂化猪场实行仔猪早断奶，可以缩短哺乳母猪占用产仔栏的时间，从而提高每个产仔栏的产仔窝数和断奶仔猪头数，相应降低断奶仔猪的产仔栏设备的生产成本。

2. 断奶的方法

(1)逐渐断乳法：断乳前开始降低母猪的泌乳量，减少母仔的接触和哺乳次数，逐渐让仔猪适应少哺乳、多吃料的过程。正式开始断乳的第1、2天，早中晚各哺乳一次，其余时间将母猪赶到另外圈舍或运动场，晚上仍然让母猪回圈，母仔同居。第3、4天，早晚各哺乳一次，其余时间将母仔分开，晚间母仔分居。第5天观察母仔的情况，如果母猪的乳房绵软而出现皱褶，仔猪都能上槽吃料时，母仔彻底分开，断乳结束。

这时注意加强对仔猪饲料、饮水的供应和管理。逐渐给母猪加料复壮，使其早日发情排卵、参加配种。这种断乳法虽然工作量大，操作复杂，但是母仔安全，有利生产，是目前多数饲养场普遍采用的断乳方法。

(2)分批断乳法：可根据仔猪发育的大小胖瘦分批断乳，把食欲好的、胖的、大的仔猪先断乳；将食欲差的、瘦的、小的适当延长哺乳期，促进这些仔猪的生长发育，以后再断乳。

(3)一次断乳法：到断奶日龄，将仔猪与母猪全部分开，这种断奶方式叫一次性断乳。这种变化有时让母仔都难以接受。使正在泌乳的母猪乳房发胀，流乳汁，严重时引发乳房炎。仔猪因食物变化太突然，精神不振、起卧不安、消化不良，甚至发生腹泻，体重迅速下降。但此种断奶方法省工省时，便于操作，多被工厂化养猪生产所采用。

一经断奶，母子必须分开，不能再让仔猪听到母猪的声、见到母猪的面、闻到母猪的味。否则会影响断奶效果，很难顺利断奶。

为了防止断乳时间里母猪发生乳房炎，不论采用哪种断乳方法，都要在断乳前3 d陆续给母猪减料。最后减到原日粮的20%，如果母猪的泌乳量高或膘情好时还要多减。必要时可多减精料，增加粗饲料。每天早晚两次检查母猪的乳房并将尚存的乳汁挤出，一直到乳房绵软、出现皱褶。在检查中如果发现母猪的乳房有硬块，马上将母猪赶回原圈，仔猪立刻上来拱乳房，晚间母仔分居，每天早晚注射青霉素消炎，夜间用热毛巾再按摩，逐渐恢复正常。

3.早期断奶仔猪的饲养　为了使断奶仔猪尽快适应断奶后的饲料，要做到两点：

第一，哺乳仔猪进行强制性补料，并且在断乳前减少母乳的供给，迫使仔猪在断奶前就能采食较多的饲料，使消化道得到充分的锻炼，以减少断奶的应激。

第二，对断奶仔猪实行饲养制度的过渡。饲料的过渡就是仔猪断奶后的2周内应保持原饲料不变，仍喂哺乳期饲料，2周后再逐渐过渡到断奶仔猪料。断奶后3～5 d限量饲喂，平均日采食量为160 g左右，5 d后实行自由采食。饲料的适口性是增进仔猪采食量的重要因素，仔猪对颗粒料和粗粉料的喜好超过细粉料。仔猪采食饲料后，易感到口渴，应经常供给清洁的饮水。

饲喂方法的过渡是仔猪断乳后3～5 d最好采用限量饲喂的方式，每天喂八成饱，少喂勤添，5 d以后再逐渐采用自由采食的饲喂方式。否则，仔猪往往因过食而造成腹泻，生产上应特别注意。饲喂次数也应与哺乳期一致，一般为每天5～6次。

稳定的生活制度和适宜的饲料调制是提高仔猪食欲，增加采食量，促进仔猪增重的保证。

4.早期断奶仔猪的管理

(1)合理分群。仔猪断奶后，在原圈饲养10～15 d。当仔猪吃食与排便一切正常后，再根据仔猪的性别、大小、吃食快慢进行分群，应使个体重相差不超过3 kg为宜。对体小、体弱的仔猪宜单独组群，细心护理，特殊照顾。

(2)创造良好的环境条件。猪圈舍必须阳光充足，温度适宜。30～40日龄为21～22℃，41～60日龄为21℃，60～90日龄为20℃。育仔舍的湿度以65%～75%为宜。湿度过大可增加寒冷和炎热对猪的不良影响。潮湿有利于病原微生物的繁殖，可引起仔猪多种疾病。

(3)有足够的占地面积与饲槽。仔猪群体太大或每头仔猪占地面积太小，以及饲槽太少，容易引起争斗，影响仔猪的生长发育。断奶仔猪的占地面积为每头 0.5～0.8 m^2 较好，每群一般以 10 头为宜。

(4)防寒保温。冬季或早春气候寒冷，仔猪常堆积在一起睡卧，互相挤压，容易压伤、压死、感冒、拉稀等。因此，在入冬前要维修好圈舍，必要时准备草帘与火炉等，有条件时可修建暖圈或塑料大棚。

(5)细心调教。要训练仔猪排便、采食、睡卧三点定位。重点驯化仔猪定点排粪尿，使之养成不随便排泄的习惯。

(6)保证充足的饮水。水是动物身体的重要组成部分。仔猪体内水分超过 70%，母猪乳中和仔猪日粮中蛋白质含量较高，需要较多的水分。断奶仔猪栏内应安装自动饮水器，保证随时供给仔猪清洁饮水。断奶仔猪采食大量干饲料，常会感到口渴，需要饮用较多的水，如供水不足不仅会影响仔猪正常的生长发育，还会因饮用污水而导致下痢。

(7)防止咬尾、咬耳。猪的相互咬食现象又称为“相食症”，是养猪生产中常见的危害较大的一种恶癖，其中以咬耳、咬尾最为常见。仔猪断乳后，常常发生咬尾、咬耳现象，不仅影响猪的休息，严重的可能造成猪只的伤亡。

咬尾、咬耳的原因：①吸吮习惯。仔猪断奶后虽然找不到母猪，但还保留吸吮习惯，这时可能会把其他仔猪的尾巴、耳尖当作乳头来吸吮，进而导致咬尾、咬耳的发生。②营养不良。如高能量、粗纤维过少、蛋白质严重不足时，特别是饲料中缺乏维生素、矿物质(Ca、P、Fe、Cu、Zn、I)、食盐等，造成仔猪异嗜癖。③环境因素。舍内高温、空气污浊、饲养密度过大、采食槽位不够、供水不足、重新组群等都会引发相食症。通风不良或拥挤增加了仔猪的攻击性。此外，猪有明显的“序列”行为和“争斗”行为。序列排位，完全靠“打斗”而定。因此，重新组群，必定重新排定序列，必然或轻或重地争斗一番。由于各种不适因素的诱因,使猪更加烦躁不安而争斗加剧。据观察,猪只争斗与躲闪时,耳朵易煽动又首当其冲,尾巴易抡起,而且又落在最后;这两个部位又比较软弱,容易出血。一旦出血,因血液的刺激会更加引起争斗的欲望,加上猪有很强的模仿行为,一猪领头,其他猪就会模仿,群起而攻之。

控制措施:一是改善饲养管理,保证良好通风和合理饲养密度,消除使猪不适的因素。二是及时调整日粮,饲料组成合理,饲喂全价配合饲料。三是加强看管,一旦发现相食现象,及时处置,要将咬尾者和被咬者隔离,并对被咬伤者及时治疗,及时制止争斗行为。在圈中撒红土、微量元素、石粉等让猪拱食。四是为仔猪设置玩具,如铁链、玉米秸、石块等,分散其注意力。五是在初生时给仔猪断尾。

(8)加强保健。保育阶段仔猪发病率明显升高,对仔猪健康及生长发育带来很大影响。所以除了按计划进行免疫保健外,加强对猪群的用药保健非常重要,一般采用阶段性全群给药预防,2～3周一个周期,对保证猪的正常增重有明显效果。

5. 防止僵猪的产生　生产中常有些仔猪生长缓慢,被毛篷乱无光泽,生长发育严重受阻,形成两头尖尖、肚子大的"刺猬猪",即僵猪。必须采取措施,防止僵猪产生。

(1)僵猪产生的原因:①妊娠母猪饲养管理条件差,营养缺乏,使胎儿生长发育受阻,造成先天不足,形成"胎僵"。②泌乳母猪饲养管理欠佳,母猪乳汁少,影响仔猪在哺乳期的生长发育,造成"奶僵"。③仔猪患病,如营养性贫血、白肌病、腹泻、喘气病、体内外寄生虫病等,严重地影响了仔猪的生长发育,形成"病僵"。④仔猪开食晚,补料差,仔猪饲料质量低劣,使仔猪生长发育缓慢,而成为僵猪。⑤近亲繁殖或乱交滥配所生仔猪,生活力弱,发育差,易形成僵猪。

(2)防止僵猪产生的措施:①加强母猪妊娠期和泌乳期的饲养

管理。保证蛋白质、维生素、矿物质等营养和能量的供给，使仔猪在胚胎阶段发育良好；出生后能吃到充足的乳汁，使之在哺乳期生长迅速，发育良好。②创造适宜的环境条件，搞好仔猪的养育和护理。早开食、适时补料，并保证仔猪饲料的营养全价性，满足仔猪迅速生长发育的营养需要。③避免近亲繁殖和母猪偷配，以保证和提高其后代的生活力和遗传品质。④及时驱除仔猪体内外寄生虫，有效地防止仔猪腹泻等疾病的发生，对发病的仔猪要及时采取相应的有效措施，尽量避免反复感染，为缩短病程，要早发现、早治疗。

6. 仔猪网床培育　仔猪网床培育是养猪先进国家在 20 世纪 70 年代发展起来的一项现代化仔猪培育的新技术，该技术可使仔猪培育由地面猪床逐渐转变成各种网床上饲养，经推广应用已获得了良好的培育效果。我国规模化和现代化养猪生产，由于条件所限发展较慢，直到 20 世纪 80 年代后期在北京、广州、上海等大城市郊区试验、推广获成功后，进一步在全国有了较大的发展。

(1)仔猪网床培育的优点：我国传统养猪的母猪产仔舍，多为前敞式或有窗封闭式，地面猪产房内既没有防寒，也没有限制母猪行为的设施，致使许多初生仔猪因环境条件恶劣、行动迟缓而被踩死、压死；又因仔猪受母猪粪水污染和母猪乳房肮脏、圈舍潮湿、寒冷而引起普遍下痢。利用网床培育哺乳和断奶仔猪有许多优点。

一是仔猪离开地面，减少冬季地面传导散热的损失，提高饲养温度。

二是由于粪尿、污水能随时通过漏缝网格漏到粪尿沟内，减少了仔猪接触污染源的机会，床面清洁卫生、干燥，能有效地遏制仔猪腹泻病的发生和传播。再加上哺乳母猪饲养在产仔架内，减少了压踩仔猪的机会。故可提高仔猪的成活率、生长速度、个体均匀度和饲料利用效率，为提高现代化养猪生产打下良好的基础。

(2)仔猪网床培育的设施：仔猪网床培育新技术的推广和应

用，各种材料制成的网床相继出现，如中国农业科学院畜牧研究所研制了钢筋焊接网和农机所加工制作的钢筋编织网及有的规模化猪场自己生产的水泥条漏缝地板和竹竿捆扎漏网等。经试用，钢筋焊接网和钢筋编织网使用效果最好。中国农业科学院畜牧研究所研制的钢筋焊接网是用直径 0.5 mm 的钢筋焊接而成，间隙为 12 mm，网床面积为 240 cm×165 cm，可饲养 1.0～2.5 kg 断奶仔猪 12～14 头，网床距地面 40 cm。钢筋编织网是用直径 4.5～5 mm 钢筋压成型后编织而成的，网眼面积为 12 mm×4 mm。网床面积、饲养头数、离地距离与焊接网相似。每个培育栏内设一个金属自动采食箱和一个自动饮水器。断奶仔猪舍为有窗封闭式猪舍，可定期清粪，并装有换气扇。冬季窗户外加塑料薄膜保温，安装土暖气保温。

7.仔猪运输　仔猪在交易过程中，长途运输是不可避免的。但长途运输可增加仔猪的应激性，降低仔猪的免疫力，仔猪的死亡率必然会增高。如何把这种经济损失降低到最低水平，是值得探讨的问题，下面介绍仔猪在运输过程中应注意的一些问题。

(1)运输前处理：运输前猪只若绝食 16～24 h 可减少运输期间发生猝死现象，而此绝食期能使活体失重率降低至可接受范围内，至于饮水在绝食期间不需终止，运输时常有呕吐事情发生，未绝食猪只更为严重，呕吐物易阻塞呼吸道致窒息而死亡。运输前驱赶猪群时应尽可能减少猪群的应激反应，当猪上运输车台时，使用固体围篱，有助于减少应激反应。猪群驱赶数低于 10 头最为适当，因大猪群易产生拥挤、跳跃，造成猪只受伤。

(2)装车：装车的密度不能过大，夏天运输时应通风透气，防止闷热；雨天或冬天，在车厢前部要盖棚布或彩条编织布挡风遮雨，防止仔猪受风寒。

(3)运输：运送时最好选在气候凉爽之清晨或交通不拥挤的时刻，避免气温升高或长时间站立对猪只产生的应激反应。装车前车辆要事先检修，保持状态良好。车装好以后，立即起程，中途要尽量减少停留次数，缩短运输时间。途中车速不能太快，车要开得平稳，要避免颠簸和突然刹车。车上要有人押车，随时观察途中仔猪情况，途中仔猪不喂水、不喂料。

(4)卸车观察：运输车辆到达目的地以后，要尽快组织人员卸车。要用最短的时间将仔猪放出，仔猪进入圈后，要让仔猪在最短的时间内先饮上清洁饮水，再吃上适口性好的配合饲料，最好在饲料中添加一些抗生素(如土霉素)进行预防。在此之前，要对猪群进行消毒处理，并注射仔猪副伤寒和猪瘟疫苗。对有伤、发烧、下痢的仔猪要及时处理治疗。经 2～3 d，仔猪就可以恢复体重并开始增重，精神良好的仔猪就可以出售或分圈育肥。

五、肥育猪的饲养管理

(一)肥育猪生长发育规律

1.体重增长速度的变化　猪的生长在幼龄阶段相对较快，以后随体重的增大而降低。幼猪的生长强度大，正处在生长发育的关键时期，对营养和温度等外界条件的反应强烈。因此对断奶到 50 kg 阶段的猪，加强饲养管理是十分必要的，这一时期的生产水平在很大程度上决定着育肥生产的总体效果。猪的绝对生长，从出生后随日龄的增长而增加，肥育猪到一定日龄达最高峰，以后下降，呈现慢—快—慢的趋势。日增重的转折点大约出现在 5～6 月龄，体重相当于成年猪体重的 40%左右的时候。日增重高峰出现的早晚与品种、杂交组合、营养水平和环境条件有关。在正常饲养条件下，这一转折点出现得越迟，说明增速生长期越长，猪的生长潜力也越大，这是瘦肉型猪的特点。据试验，国外品种与国内品种杂交，日增重高峰在 80～90 kg，少量在 90 kg 以上。因此，应在生长速度最快的时期对肥育猪加强饲养，在生长速度转折点使肥育猪早日达到适宜的出栏体重，提高肥育效果。如果在增速生长期营养供应不足则降低日增重，增加饲养成本。

2. 主要部位与体组织的变化　猪体各部位的生长发育顺序和速度是不平衡的。头部是最早发育的部位，其次是腿。猪整体生长发育从头部和四肢开始有两个生长波。主生长波是从头部向躯干到腰部，次生长波从四肢下部及尾部向躯干部到腰部。因此，幼猪的头和四肢相对较大，体躯短窄而浅；后躯和臀部发育差。随年龄和体重的增长，体高和体斜长增加，接着是厚度和宽度的增加，腰部的生长期长，其生长高峰出现得最迟，是猪体最晚熟的部位。

猪体主要组织的变化是指骨骼、皮肤、肌肉和脂肪的生长规律。随着年龄的增长，骨骼最先发育，也最早结束生长，是成熟最早的组织，肌肉处于中间，脂肪生长期长，生长高峰出现得晚，是最晚发育的组织。这几种组织早熟性顺序在品种间存在差异。地方品种猪是按骨、肉、皮、脂的顺序生长，培育品种和瘦肉型猪是按骨、皮、肉、脂的顺序生长。这表明地方品种猪（如民猪）皮有较强的生长势，而瘦肉型猪肌肉的生长期较长。

肉猪在生长肥育过程中，骨骼、皮肤、肌肉、脂肪 4 种组织同时都在生长。但其生长强度是随体重和年龄的增长而变化，其生长顺序有先后，生长强度有快慢。骨骼最先发育，从出生到 4 月龄生长最快，4 月龄后开始下降；肌肉在 4～6 月龄、体重 30～70 kg 时增长最快，体重 90 kg 左右开始下降；脂肪生长强度一直在上升，6～7 月龄、体重 90～100 kg 时生长强度达最高峰，以后下降，但其绝对增重仍随体重的增加而直线上升，直到成年。由此可见，肌肉和脂肪生长强度出现转折点的时期是 5～6 月龄、体重 90 kg 左右时。此时结束肥育有利于获得较理想的胴体，如再养下去，则越养越肥。

（二）影响猪肥育的因素

1. 品种与类型对肥育效果的影响　猪的品种与类型对猪肥育的影响很大，这是因为不同品种的猪生长发育规律不一样，在整个肥育期的不同阶段所需的营养标准和饲粮数量不一样。引进品种如大白猪、长白猪、杜洛克猪、汉普夏猪等，属于瘦肉型猪，在以精饲料、高营养水平的饲养条件下，其肥育效果比地方品种猪好，增重较快，育肥时间短（表 4-2）。但在以青粗饲料为主的中、低营养水平饲养条件下，则国外品种增重速度不如地方品种，肥育效果也较差。所以为了提高肥育效果，应对不同品种、类型的猪采取不同的肥育方法。

表 4-2　不同品种猪的肥育效果

（引自王振来《养猪场生产技术与管理》，2004）

品种	育肥头数	达 90 kg 天数	平均日增重(g)	饲料利用率(%)
大约克夏猪	12	175	657	4.12
湖北白猪	12	179	626	3.42
监利猪	9	286	307	4.59

由表 4-2 可见，瘦肉型大约克夏和培育品种湖北白猪的肥育期日增重和饲料利用率均高于地方品种监利猪。猪品种和类型不同，其胴体组成也有差异。如杜洛克猪胴体瘦肉率、肥肉率分别为 64.58%、18.06%，而培育品种湖北白猪相同项目指标为 62.88%、22.13%；地方猪种监利猪则为 44.98%和 36.25%。从瘦肉率看，国外品种高，地方猪最低，而肥肉率地方品种则显著地高于另外两个品种。因此，为了达到理想的肥育效果，必须了解品种和类型的肥育性能，并采取相应的肥育措施。

2. 杂交对肥育效果的影响　利用杂种优势，是提高肥育猪效果的有效措施之一，因为杂交后代生活力强，生长发育快，日增重高，饲料利用率高，有利于降低饲养成本，但对育肥效果起决定因素的在于有效的杂交组合。一般来说，以国外品种为父本，以我国地方猪种为母本，其后代增重速度的优势率为 10%～20%，饲料利用优势率在 5%～10%（表 4-3）。实践证明，三品种杂交比两品种好。

表 4-3 不同品种猪的杂交品种肥育效果

(引自《中南区猪育种研究论文选集》,1992 年第 2 期)

猪种	肥育头数	肥育指标		
		日增重(g)	饲料利用率(%)	瘦肉率(%)
湖Ⅳ系	29	636.60	3.45	60.78
长白×湖Ⅳ系	21	635.19	3.52	64.36
杜洛克×湖Ⅳ系	25	785.12	3.11	64.65

从表 4-3 可知,杂交猪肥育效果和胴体瘦肉率水平均优于纯种猪,不同的杂交组合又存在差异,如杜洛克×湖白猪Ⅳ系的杂种后代日增重高于长白×湖白猪Ⅳ系杂种后代,饲料利用率也有区别。大量试验和生产实践证明,对肥育效果起主要作用的是正确的杂交组合。三品种杂交比两品种杂交效果好,现在专业猪场和专业养猪户多数采用杜长大、大长本或杜长本三元杂交组合,日增重、饲料利用率以及胴体瘦肉率比单纯利用本地猪好,肥育期缩短 1~2 个月。

3. 营养水平和饲料品质对肥育效果的影响　营养水平对肥育猪的影响极大,各种物质缺一不可,特别是能量的供给水平和增重与肉质成分有密切关系。一般来说,能量摄取越多,日增重越快,饲料利用率越高,屠宰率、胴体脂肪含量也越高。蛋白质对肥育也有影响,由于蛋白质不单是与肥育猪长肌肉有直接的关系,而且蛋白质在机体中是酶、激素、抗体的主要成分,对维持猪体新陈代谢、生命活动都有特殊功能,因此蛋白质如果不足,不仅影响肌肉的生长,同时影响肥育猪的增重。在一定范围内,日粮蛋白质水平越高,增重速度越快,但高到一定程度对增重也是无效的,只会造成氨基酸的浪费。

蛋白质的品质对其也有影响。猪需要 10 种必需氨基酸,日粮中缺少任何一种都会影响增重，并影响肌肉的品质，但单纯提高蛋白质水平以提高增重和改善肉质是不合算的。此外矿物质、维生素对肥育效果也有很大影响。

饲料是营养物质的主要来源，由于各种饲料所含的营养物质不同，因此，只有多种饲料配合才能组成全价的日粮。在营养水平相同的情况下，日粮中饲料结构组成不同，增重和肉质也不同。如大量使用含不饱和脂肪酸达4%以上的米糠等原料，对肥育后期的猪进行催肥，则猪屠宰后肉质软、缺乏香味，胴体不利于贮藏；若以大麦、豆饼、豌豆、蚕豆为主的日粮催肥，则可获得肉质良好的胴体，所以在肥育猪的日粮结构上，要注意饲料品种及其合理搭配。对肥育猪营养物质的供给，应根据其各阶段组织器官生长发育的特点及其营养需要来加以考虑。

4.性别与去势对肥育效果的影响　公、母猪经去势后有利于肥育，因为没有性激素的影响，表现为性情安静，食欲提高，性机能消失，能更好地利用所吸收的营养，使增重速度提高，改善肉的品质。实践证明，阉公猪的增重比未阉的高10%，阉母猪的脂肪比未阉者多7.6%，饲料利用率和屠宰率都较未阉者高。国外引进猪种和培育品种，因性成熟较晚，小母猪发情对肥育影响较小，肥育时只阉公猪而不阉母猪。未阉母猪可适当地提高瘦肉率。未阉公猪肥育后肉有膻气，影响肉的品质和食用效果，因而公猪以阉割为宜。

5.仔猪初生重和断乳重对肥育效果的影响　生产实践证明，仔猪初生重、断乳重与肥育期增重之间呈正相关。凡仔猪初生个体大的，则生命力强，体质健壮，生长快，断奶体重亦大，健康状况和抗病力都相应地提高。同时，断奶体重大的猪，肥育速度较快，饲料报酬也较高。

仔猪质量与肥育期增重、饲料转化率和发病率关系很大，如果不是自家生产肥育仔猪，则最好事先与仔猪生产场或养母猪户签订合同，到时获得合格的仔猪。直接从交易市场买猪风险较大。

购买仔猪要选购优良的杂交组合、体重大、活力强、健康的仔猪肥育。

6. 环境条件对肥育效果的影响　环境因素中，以温度、湿度、光照、风速和猪舍内有害气体的浓度（总称小气候）对猪的影响最大。如肥育猪适宜温度为 15～25℃，过冷则体热易于散失，加大猪的采食量，过热则导致猪食欲下降，采食量显著减少，生长速度减慢，甚至导致猪中暑死亡。高温、高湿对肥育猪的影响更大，若气温超过适宜温度范围，相对湿度由 60%上升到 90%时，肥育猪的增重将会显著降低。

肥育猪圈养密度过大，舍内通风不良，会因小气候环境恶劣，猪的采食量减少，饲料利用率和日增重下降（表 4-4）。

表 4-4　每头猪占圈面积对肥育效果的影响　kg

占圈面积（m^2/头）	效果		
	试验期增重	平均采食量	每增重 1 kg 耗料
0.5	40.4	2.42	4.09
1.0	41.8	2.37	3.86
2.0	44.7	2.36	3.69

每个猪圈饲养肥育猪的头数也应适中，一般每头肥育猪占圈 0.8～1 m^2，每圈养 18～20 头为宜，过多则影响日增重和饲料利用率，过少则造成圈舍面积浪费，利用率降低（表 4-5）。

肥育猪最适宜的气温是：体重 60 kg 以前为 16～22℃（最低 14℃），体重 60～90 kg 为 14～20℃（最低 12℃），体重 90 kg 以上为 12～16℃（最低 10℃）。气温过低或过高均影响肉猪增重和饲料利用率（表 4-6）。

夏季气温过高，猪常表现卧喘，食欲不振，采食量少，增重慢，而且高环境气温对氮沉积有不良影响，降低瘦肉量增长。高温、通风不良、饮水不足，有可能造成肉猪中暑死亡。

表 4-5 猪的饲养密度对肥育效果的影响

头数	日增重(g)	肉料比
40	643	1∶4.4
30	645	1∶4.2
21	669	1∶3.7
10	709	1∶3.4

表 4-6 温度对肥育效果的影响

(引自 David R. A.,1983)

温度(℃)	每日摄入可消化能(kJ)	饲料/增重	日增重(kg)	产品总能(kJ)	热能利用率(%)
0	64 276	9.5	0.54	12 502	19.4
5	47 669	7.1	0.53	12 272	15.7
10	44 375	4.4	0.80	18 526	41.7
15	39 936	4.0	0.79	18 292	41.7
20	40 822	3.8	0.85	196 834	48.2
25	33 340	3.7	0.72	16 670	50.1
30	28 018	4.9	0.45	10 421	37.1
35	19 140	4.9	0.31	7 177	37.4

注:试验猪体重为 70～100 kg。

光照试验表明,肥育猪在不同的光照条件下,增重速度和饲料利用率均无明显差异。然而,光照对调节生理机能、促进物质代谢、杀灭舍内细菌和病原微生物有明显的作用,因而能增强健康,加快增重。

综上所述,在肥育猪的生产过程中,必须创造一个良好的外界环境和适宜的生产小气候环境,保持合理的饲养密度,以获得理想的肥育效果。

(三)提高肉猪肥育效率的主要方法和措施

1. 选好品种、类型和经济杂交模式　不同品种(品系)和类型的猪，肥育性能不同，其日增重、饲料报酬和胴体瘦肉率都有明显差异。原始及地方猪种多属脂肪型品种，肥育期生长速度慢，饲料报酬差，胴体瘦肉率低。而现代培育品种特别是瘦肉型猪种，肥育期生长快，省饲料，胴体瘦肉率高。通过不同品种或品系之间的杂交，利用杂种优势提高肥育猪生产性能，是增加养猪效益的有力手段之一。

2.合理分群　群饲可以提高采食量，加快生长速度，有效地提高猪舍设备利用率以及劳动生产率，降低养猪生产成本。在肥育猪分群时，最好同窝猪为一群，需要把不同窝、不同来源的猪合群饲养时，应尽量把品种相同、体重相近、体质和采食速度相似的猪编为一群，把弱小或有病的猪挑出，单独分批饲养。猪群位次关系固定后，要保持相对稳定，直至出栏。在肥育期间不要变更猪群，否则每重新组群一次，由于咬斗影响体重，使肥育期延长。

合理分群的习惯作法是：留弱不留强，拆多不拆少，夜并昼不并。就是把处于不利争斗地位或较弱小的个体留在原圈，将较强的猪并进去；或将较少的群留在原圈，把猪多的群并进去；还可把两群猪合并后赶至另一圈，并在夜间并群。必要时结合栏圈消毒利用带有较强气味的药液（如溴药水、菌毒灭等）喷洒猪圈与猪的体表，此外，还要加强管理和调教，避免或减少咬斗。对于圈养密度的确定，应考虑肥育猪体格大小、猪舍设备、气候条件、饲养方式等因素。每圈饲养猪的头数过多，圈养密度过大，都会影响到肥育效果。

3.饲料调制和饲喂

(1)饲料调制：饲粮构成是否合理，是影响肉猪生产表现和经济效益的关键性因素。一个好的肉猪饲粮配方必须达到以下要求：首先，饲粮在能量、蛋白质、主要的必需氨基酸和矿物质、维生素营养要能满足生长肥育猪的需要。其次，饲粮粗纤维水平适当，适口性好，保证肉猪能消化良好，不便秘或拉稀。第三，饲粮要保证肉猪能生产出优质的猪肉。最后,饲粮的成本要低。

科学合理地调制饲料,对于提高肥育猪增重速度和饲料利用率,节省生产成本有重要作用。肥育猪的饲料调制一般要求缩小饲料容积,提高适口性和利用效率。对于精料应根据饲养标准规定的指标、饲料的营养价值、自身经济和猪场卫生条件,将多种饲料按一定比例组合成配合饲料;青饲料常切碎、打浆生喂,粗料可进行粉碎浸泡、发酵后适量饲喂。

(2)饲料粉碎程度:玉米、高粱、大麦、小麦、稻谷等谷实饲料,都有一层硬种皮或兼有粗硬的颖壳,喂前粉碎或压片,可减少咀嚼消耗的能量,也有利于消化。粉碎的细度可分为细(颗粒直径1 mm以下)、中(颗粒直径1～1.8 mm)和粗(颗粒直径1.8～2.6 mm)3种。许多试验和实践证明,玉米等谷实粉碎的细度,以颗粒直径1.2～1.8 mm的中等粉碎程度为好。肉猪吃起来爽口,采食量大,增重快,饲料利用率高。玉米粉碎过细,对食道和胃黏膜有损害。如在一项试验中,喂给粗粉玉米的猪,胃黏膜糜烂和溃疡的猪相应为8%和3%;喂中度粉碎玉米的猪,胃黏膜糜烂和溃疡的猪相应为14%和4%;而喂细磨玉米的猪,胃黏膜糜烂和溃疡者相应为46%和15%。玉米粉碎过细,也降低猪的采食量、增重和饲料利用率。据试验,喂给颗粒直径0.3～0.5 mm细粉配合饲料的肉猪,比喂给中等细度配合饲料的肉猪延迟15 d达到相同出栏体重。另一试验结果,吃颗粒直径1.2 mm配合饲料的肉猪日增重700～723 g,而吃颗粒直径1.6 mm配合饲料的肉猪日增重758～780 g。

谷实饲料的粉碎细度也不能绝对看待,当饲粮含有较多青粗饲料时,谷实粉碎细一些并不影响适口性,也不致造成胃溃疡。用大麦、小麦喂肉猪时,用压片机压成片状比粉碎效果好。

青绿饲料、块根块茎类、青贮料及瓜类饲料,可切碎或打浆拌入配合精料中一起喂猪,减少咀嚼,缩小体积,增加采食量。甜菜在喂量较大时必须粉碎，而且以细为好，否则容易导致消化不良而拉稀。

干粗饲料一般都应粉碎，以细为好，能缩小体积，改善适口性和增加采食量。

(3)饲料生喂与熟喂：玉米、高粱、大麦、小麦等谷实饲料及其加工副产物糠麸类，煮熟喂猪并不能提高其利用率，相反，煮熟会破坏其中的维生素，降低氨基酸的有效利用率。这类饲料由于煮熟过程的损失和营养物质的破坏，使其利用率比生喂降低10%，因此谷实饲料及其加工副产物最好生喂，不要煮成熟粥喂猪。生喂不仅效果好，而且可节省锅灶、燃料和人工。

各种牧草、青草野菜、树叶、胡萝卜、甜菜、白菜、萝卜、瓜类及水生植物等青绿多汁饲料，都应粉碎或打浆生喂，煮熟会破坏其中的维生素，处理不当还会造成亚硝酸盐中毒。

马铃薯、甘薯及其粉渣煮熟喂能明显提高利用率。大豆、蚕豆炒熟或煮熟饲喂比生喂利用率高。含有害成分的饲料如棉仁饼、菜籽饼、轻度变质的饲料(含有真菌、霉菌)以及食堂剩菜、剩饭，煮熟饲喂为好，能避免或减少猪中毒的可能性。

总之，喂猪常用的大多数饲料，都应当粉碎，配制成全价饲粮生喂，不仅饲养效果好，还能降低饲养成本，传统煮料喂猪的老习惯应当改变。

(4)饲料掺水量：配合好的干粉料，不掺水，直接装入自动饲槽喂猪，省工省事。只要保证充足饮水，用干粉料饲喂肉猪可达到良好效果。饲喂干粉料要求的条件是猪栏内必须是硬地面(水泥或木板地面)，否则抛撒到外面的饲料会造成浪费。

为了有利于肉猪采食，缩短饲喂时间，避免舍内有饲料粉尘，可将干粉料按1∶0.5或1∶1掺水，调成半干粉料或湿粉料，用槽子喂或在硬地面撒喂，另给饮水。料、水的比例加大到1∶(1.5～2)时，即成浓粥料或稀粥料，虽不致影响饲养效果，但必须用槽子喂，费工费事。

饲喂时，不要在饲料中掺过多的水，当料、水的比例超过1∶2.5时，就会减少猪各种消化液的分泌，同时冲淡消化液，降低各种消化酶的活性，影响饲料的消化吸收，降低增重和饲料利用率。饲粮含水过多(超过70%～75%)，也影响饲料氮的利用率和体蛋白的沉积量，据试验，饲粮含水率提高到83%时，氮的利用率降低6.6%。另据试验表明，饲粮按1∶1掺水，肉猪每天体蛋白质沉积量为135.6 g；饲粮按1∶3掺水时，则每天体蛋白质沉积量降为121.3 g。因此，农家养猪喂稀料的习惯应当改变。料、水的比例以1∶(0.5～2)以内、饲粮含水率在60%～70%以内为宜。从增重速度和饲料利用率看，肉猪喂湿粉料或半干粉料优于干粉料。

(5)颗粒料与粉状料：多数试验结果表明，对肉猪喂颗粒料优于干粉料，日增重和饲料利用率均提高8%～10%。但也有一些试验表明，肉猪喂湿粉料的效果并不比颗粒料差，而且颗粒料的成本高于粉状料。不过，近几年实际生产中颗粒料所占的比重在增加。

(6)饲喂方法

限量饲喂与不限量饲喂：限量饲喂是每天定量给猪饲喂饲粮。不限量饲喂，一种方法是将饲粮装入自动饲槽，任猪自由采食；另一种方法是按顿喂，不限量，每顿吃到稍有剩余为止。不限量饲喂，肉猪采食多，增重快，但饲料利用率差些，胴体较肥。限量饲喂，对肉猪增重不利，但饲料利用率较高，胴体较瘦。

在肉猪饲养实践中，兼顾增重、饲料利用和胴体瘦肉率，体重60 kg以前应采取自由采食或不限量按顿喂，体重60 kg以后适当限食，或采取每顿适当控制喂量的方法，或采取降低饲粮能量浓度而不限量饲喂的方法。

给料给水的饲喂方法：在肉猪采取舍内吃睡、舍外排粪、大群密集饲养方式时，可在舍内水泥地面上撒喂半干粉料或湿粉料，栏内设有足够水槽或自动饮水器。在小群栏内固定饲养时，要用槽饲喂或自动饲槽自由采食，另设水槽或饮水器。地面撒喂不合适，因饲料易与粪尿掺混，槽损多。地面撒喂要保证有充足的采食时间，槽子饲喂要保证每头猪有足够的槽位(至少 30 cm)，防止强夺弱食，同时确保充足清洁饮水。

日喂次数：肉猪每天喂几次要根据猪的年龄和饲粮组成来掌握。小猪阶段，胃肠容积小，消化力差，而相对饲料需要量多，每天宜喂 3～4 次。中猪和大猪阶段，胃肠容积扩大，消化能力增强，可适当减少饲喂次数。如果饲粮是精料型的，可每天饲喂 2～3 次；如果饲粮中包含较多的青饲料、干粗饲料或糟渣类饲料，则日喂 3～4 次。过多地增加饲喂次数不仅浪费人工，还影响猪的休息与消化。每次饲喂的间隔应尽量保持均衡，饲喂时间应选择在猪食欲旺盛的时候。例如，夏季日喂 2 次时，以 6 点和 18 点饲喂为宜。

4. 给充足清洁的饮水　水是生物体细胞的重要组成部分，对调节体温、养分运输、消化、吸收和废物的排泄等有重要作用。肥育猪饮水量随环境温度、体重和饲料采食量而变化，在春、秋季，正常饮水量为采食饲料干重的 4 倍，占体重的 16%左右，夏季约为 6 倍或体重的 23%左右，冬季则可减半。供水方式最好采用自动饮水器自由饮水，用水槽供水时要勤添，勤换水，勤刷洗水槽，保持猪只昼夜有清洁的饮水。

5. 创造适宜的环境

(1)适宜的温度、湿度。肥育猪舍的环境应清洁干燥，空气新鲜，温度和湿度适宜。在高温情况下，猪的食欲(量)下降，增重降低，在自由采食条件下，生长肥育猪最佳临界温度是 18～20℃，低于这个范围，饲料效率就会降低。20～15℃时，每降低 1℃，饲料增重的比率增加 0.028；15～10℃时，温度下降 1℃，增加 0.04。在自由采食条件下，饲料效率的降低一般可以通过增加采食量得以补偿。因此在 20～8℃范围内，猪的生长速度不会降低。如温度高于20℃,猪自由采食量减少,增重速度降低,温度在20～32℃时,每升高1℃,日采食量下降12 g。

在限制饲养条件下,环境温度低于20℃时,每下降1℃,猪日增重降低24 g。如要维持日增重不变,温度每下降1℃,每天需多喂饲料37～44 g。在37℃时,猪不但不长,还失重350 g。可见防寒防暑十分重要。在适宜的温度下,肉猪表现舒适自如,食欲旺盛,增重速度快,饲料利用率高。因此在炎热的夏天,每天可用水冲洗圈内地面,在南方特别是对体重超过66 kg以上的猪,可喷雾或淋浴1～2次,帮助体温散发,还可用排风扇加强舍内空气流通和气体交换。冬季可用人工热源,如红外线灯照射,甚至系统热循环供暖,常规办法是用铺垫稻草保温,并结合日常饲养管理工作,堵塞猪舍孔隙、防御寒风,特别是防止贼风吹袭。在强调保温的同时,还要注重舍内换气和排除潮湿,保持圈舍和猪体清洁,防止发生皮肤病和其他疾病。

(2)控制有害气体和尘埃。猪舍内有害及恶臭的物质有氨、硫化氢、三甲胺、乙醛、正丁酸、正戊酸、偏戊酸、一氧化碳、二氧化碳等。其中以氨、硫化氢、一氧化碳、二氧化碳等有害气体的不良影响最为严重。据测定,粪尿在25℃、含水80%时,由于微生物的分解作用,可以产生大量复合臭气。粪尿产生的氨是猪舍内主要恶臭物质,对人和猪都有危害,调整日粮,补充必需氨基酸,使饲料中氨基酸的数量和比例接近猪需要的水平可降低粪中含氮量;在饲料中添加去臭添加剂,如丝兰属植物的提取物,可降低猪舍中游离氨浓度。另外,在猪舍内采用粪尿分离后加以处理,可以最大限度地减轻氨的产生。用粉状料喂猪时适度用水拌料可降低舍内尘埃,或者使用颗粒料。

(3)合理的光照。阳光及其他可见光,可影响猪的活动,促进激素分泌和蛋白质沉积。在黑暗环境下的肥育猪较肥。一般认为,一定的光照对瘦肉型生长肥育猪是有利的。对肥育猪光照的时间和强度，前苏联曾经规定，在自然光照时，肥育期光照系数(KEO)应为0.5，人工照明强度前期应为30～60 lx，后期为30～50 lx。全封闭无窗猪舍人工光照时间，2～4月龄猪5 h(每日3次，一次1 h 40 min)4月龄至出栏，光照时间为3 h(每日两次，一次1 h 30 min)。

(4)控制圈养密度和猪群大小。圈养密度影响舍温、湿度、通风、有毒有害物质在空气中含量，也影响猪的采食、饮水、排便、活动和休息。同一圈舍猪群的大小，直接影响猪的咬斗行为和猪之间的互相干扰。猪群太大，如超过40头时，不易建立固定的位次关系。因此，群体太大或密度高时，对肥育猪的健康和生产性能都是不利的，增重速度和饲料效率随群体增大或密度升高而下降。

6. 调教　猪在新编群或调入新圈时，要及时调教，使其养成在固定位置排便、睡觉、采食和饮水的习惯，这样可减轻劳动强度，保持圈舍卫生。

调教要根据猪的生活习性进行。猪喜欢卧睡，在适宜的圈养密度下，约有60%的时间躺卧或睡觉，猪一般喜欢在高处、木板上、垫草上卧睡；热天喜睡于风凉处，冷天喜睡于温暖处。猪排便也有一定的规律，一般多在洞口、门口、低处、湿处、圈角排便，在喂食前或睡觉刚起来时排便，在进入新的环境或受惊吓时排便较勤，要根据猪的这些习性进行调教。

调教成败的关键是要抓得早，猪群进入新圈立即开始调教，重点抓两项工作。

(1)要防止强夺弱食。在猪新合群或调入新圈时，要建立新的群居秩序。为使所有的猪都能充分采食，要备有足够的饲槽和水槽长度，对霸槽的猪要勤赶，使不敢接近饲槽的猪能得到采食槽位。经过一段时间的看管后，就能养成分开排列、猪群同时上槽采食的习惯。

(2)使猪采食、卧睡、排便位置固定，保持圈栏干燥卫生。猪入圈前，事先要把猪栏打扫干净，将猪卧睡处铺上垫草，饲槽投入饲料，水槽装上水，并在指定排便处堆放少量粪便，泼点水，然后把猪赶入圈内，个别猪不在指定位置排便时，要及时将其所排粪便铲到指定位置，并结合守候看管，经过三五天就会养成采食、睡卧、排便定位的习惯。

7. 做好驱虫与防疫　驱除仔猪体内外寄生虫是提高肉猪饲养效果的一项重要措施。猪体内寄生虫以蛔虫感染最为普遍。主要危害 3～6 月龄的猪。患猪生长缓慢，消瘦，被毛蓬乱无光泽。严重者增重速度可降低 30%左右，有的甚至成为僵猪。试验结果表明，两群仔猪都从体重 8.14 kg 开始饲养 120 d，无蛔虫群仔猪增重 34.78～38.48 kg。有蛔虫群仔猪中，有 12 条蛔虫者增重 34.04 kg，有 20 条蛔虫者增重 20.20 kg，有 39 条蛔虫者增重 14.80 kg，有 100 条者增重 2.96 kg。因此，必须驱虫。一般于 90 日龄时用依维菌素、驱蛔灵（枸橼酸哌哔嗪）、左旋咪唑、芬苯哒唑等药物按说明或医嘱谨慎进行。驱虫后，应及时清除粪便，并堆集腐熟，以杀死虫卵。

体外寄生虫，以猪疥癣为最常见，对猪危害较大。肉猪如有疥癣发生，应及时治疗。可用 2%敌百虫水溶液，对猪体及所接触的猪栏各处进行喷雾。如一次不愈，可隔周再喷一次。

为避免传染病的发生，保障肉猪安全生产，按规定免疫程序进行传染病预防非常重要。疫苗要严格按照要求运输和保存，以免失效。大群接种时，要事先进行小群接种观察，确认无异常反应后，方可进行。接种时，要按疫苗标签规定的部位和剂量准确操作。力争头头注射，个个免疫。

8. 提高猪群健康水平，做好猪群健康监测　在养猪生产中，采取各种主动措施，加强疾病防治，提高猪群健康水平，已成为提高商品猪生产效益不可缺少的重要手段。加拿大的研究资料表明，健康状况优秀的猪群比基本健康群达 90 kg 日龄早 14.1 d。美国的研究报告表明，控制了疥螨比未能控制疥螨的肥育猪，肥育期平均日增重高 50 g，少用 8～9 d 时间达到同样出栏体重，同时饲料效率较好。猪的呼吸系统病如喘气病、胸膜肺炎、萎缩性鼻炎等在猪群中流行也较为广泛，染病猪比健康猪饲料效率低 22%。上述一些猪病在环境条件好、营养好时，病情较轻，反之病情加重。

在整个养猪生产过程中，做好猪群健康的监测工作，及时发现亚临床症状，早期控制疫情，把疾病消灭在萌芽状态非常重要。同时，通过对猪群健康的监测，还可发现营养、饲养、管理上存在的问题，使其及时得到解决。通过对猪群健康的监测，也可发现温度、湿度、圈养密度等环境条件是否适宜，以便及时采取措施。

(1)观察猪群。有人将观察猪群总结为"三看"，即"平时看精神，饲喂看食欲，清扫看粪便"。对观察中发现的不正常情况，应及时分析，查明原因，尽早采取措施加以解决。发现不正常的猪进行隔离观察，尽早确诊。如属一般疾病，应采用对症治疗或淘汰，如是烈性传染病，则应立即捕杀，妥善处理尸体，并采取紧急消毒、紧急免疫接种等措施，防止其蔓延扩散。

(2)测量统计。特定的品种与杂交组合，要求有特定的饲养管理水平，并同时表现特定的生产力水平，通过测量统计，便可反映饲养管理水平是否适宜，猪群的健康是否在最佳状态。低劣的饲养管理，发挥不出猪的最大遗传潜力，同时也降低了猪的健康水平。猪所表现的生产力水平高低是反映饲养管理水平和健康水平的晴雨表。例如猪的受胎率低，产仔数少，有可能是饲养管理问题，也有可能是细小病毒、乙脑等疾病引起；初生重低，有可能是母猪怀孕期营养不良；21 d 窝重小，整齐度差，可能是母乳不足，补料过晚或不当，环境不良或受到疾病侵袭；肉猪日增重低、饲料报酬差，有可能是猪群潜藏某些慢性疾病或饲养管理不当。

(3)抗体测定。检查和测定血清中和其他体液中的抗体，是了解动物免疫状态的有效方法。动物血清中存在某种抗体，说明动物曾经与同源抗原接触过，抗体的出现意味着动物现在正在患病或过去患过病，或意味着动物接种疫苗已经产生效力。如果在一个时期内测定抗体量几次，就有可能判明出现抗体的原因。如果抗体水平迅速升高，表明感染正在被克服。如果抗体水平下降，表明这些抗体可能是传染病或接种疫苗的残余抗体。接种疫苗后测定抗体，可以明确人工免疫有效的程度，而作为以后是否需要再接种疫苗的参考。怀孕母猪注射疫苗后，仔猪可通过吃初乳获得母源抗体，测定仔猪体内的母源抗体量，可了解仔猪的免疫状态，同时也是仔猪何时再接种疫苗的重要依据。用来检查抗体的技术，反过来也可以用来检查和鉴别抗原，诊断疾病。生产现场可用全血凝集试验等较简单方法进行某些疾病的检疫，淘汰反应阳性猪，净化猪群。

六、肥育猪的最适屠宰时间及其胴体经济评价

(一)适宜屠宰期

肥育猪的适宜屠宰期通常以体重来表示，体重的确定将以得到产量高、胴体质量好、符合经济原则且成本低的猪肉产品为依据。

1. *市场的要求*　随着人们物质生活水平的不断提高，在人类日常膳食构成中，对瘦肉的需求量增加，所以城市居民消费和出口外销都要求瘦肉多、背膘薄、脂肪少的猪肉，表现在商品瘦肉型猪适销，屠宰体重控制在 90～110 kg 范围。而在广大农村特别是山区，仍然需要有适量肥度的猪肉，以其背膘稍厚，花油、板油较多和屠宰率较高为衡量标准。对猪的利用一般都以鲜肉为主，腌肉和腌制品大都集中于冬季，并且选用屠宰体重较大的猪。

2. *以经济效益和胴体品质来确定适宜屠宰期*　肥育猪体重超过 100 kg 时，维持需要增加，饲料消耗增多，相对增重减慢，饲料利用率低，成本增大，而胴体再增加的部分主要是脂肪，瘦肉比例

相应降低，销售价格明显下降、很不划算。当体重不足 90 kg 出售，售价降低，从投入和产销关系上已失去了最佳经济利用期，也同样影响到总体收入，因此，瘦肉型杂交肥育猪适宜出栏（或屠宰）体重为 90～100 kg。在广大农村以地方猪为母本与外国良种公猪杂交生产的二元或三元杂交商品猪的适宜出栏（或屠宰）体重可控制在 80～90 kg 的范围。

3. 品种和肥育类型以及饲养条件和肥育方式不同，适宜屠宰期也不同　我国猪品种多，各地都多以本地良种母猪与引进的外来公猪杂交，杂交一代用于肥育。但因其杂交组合不同，饲养管理条件又有差别，所以难以确定一个统一的适宜屠宰期和屠宰体重，主要根据不同的猪种杂交组合饲养条件和肥育方式，以及增重速度、饲料消耗和产品生产成本等，进行全面综合性的评定分析，最后确定某一品种或杂交组合的适宜屠宰重。

一般小型早熟型品种，在饲养条件较好，或采用一贯肥育方法肥育的，适宜屠宰期可早一点，屠宰体重相对小一些，一般在 70～80 kg 屠宰较适宜；而晚熟品种或采用阶段肥育的猪，肥育期较长，屠宰体重相对较大，适宜屠宰体重在 100 kg 左右，在饲养条件较好的地区或专业猪场或外贸出口猪生产基地，生产杂交改良猪，体重可放宽在 90～100 kg 屠宰为宜。

值得注意的是，各个品种或组合的适宜屠宰期并非固定不变，而且在很大程度上受消费市场自由选择的影响，因为养猪类同所有商品生产，以追求最大的赢利为主要目的，必须随时把握市场行情。

(二)胴体品质评定分级

胴体品质的评定即是根据胴体性状好坏，对胴体质量进行客观而系统的科学评价，其品质是由很多性状来决定的，主要包括胴体重、屠宰率，背膘厚度、眼肌面积、胴体长，腿臀比率以及皮、骨、肉、脂四大组织的重量和占胴体重的百分比。因此，胴体品质是反映肥育猪产肉性能的一类重要的经济性状和生产技术水平的重要依据。在这里仅就商品质量叙述胴体品质的评定。

1.胴体肉脂品质　根据猪的肉用性能，应把提高猪产肉力和肉质两者兼顾。所谓肉质，是指在肉的各种物理化学特性中，作为食品在与消费和流通上是有密切关系的性质，如颜色、系水力、pH值等。

2.瘦肉的颜色　可通过肉的外观色泽、系水力、气味等来评定瘦肉品质的优劣。肉的颜色可因猪的年龄、品种、营养状况和部位不同，其色泽也不同。瘦肉的标准颜色是鲜红而有亮泽，营养不良的猪或呈病态的瘦肉常呈暗红色或灰白色。不同部位的肌肉色泽也不一样，如后腿的半腱肌、半膜肌、股二头肌的颜色较背最长肌为深。就品种而言，皮特兰猪、长白猪、斯格猪肌肉颜色又较其他品种为淡。而猪肌肉（指横纹肌）颜色的深浅，主要取决于肌肉组织中肌红蛋白的含量，红肌纤维含量多的肌肉组织，其色泽较红，而含白肌纤维多的肌肉，其色泽较淡。

3.系水力　肌肉中水分约占70%，系水力强、品质良好的肉，无其他异常气味，而具有肉的自然香味。反之，系水力差的肌肉，损耗严重，营养损失大，往往伴有颜色泛白，肌纤维柔软，失去弹性，食用价值、经济价值低劣。

4.pH值　正常肉样（取背最长肌）的pH值多在6.0～6.5之间，如果其值低于5.9，又有肉色灰白、质地松软和大量渗水即可判定为PSE肉；如果其值大于6.5者，又肉色暗红、质地坚硬、肌肉表面呈干燥样，可评定为DFD肉。出现这两种情况均属不正常现象，影响食用效果。肌肉的嫩度对肉质也可产生相应的影响。

5.脂肪　胴体脂肪的颜色应为洁白或淡玫瑰色，要求脂肪坚实，不坚实的软脂烹调时易于蒸发，加工后贮藏易产生异味，影响腌制品的质量。猪正常脂肪的碘值为60～70，皂化值为193～200，如碘值高，说明不饱和脂肪酸含量高，脂肪较软。

6. PSE肉　PSE猪肉是指宰后胴体肌肉表现肉色苍白、质地柔软、液汁外渗的现象。肉眼鉴定PSE猪肉，在常温状态下屠宰后30～60 min观察，严重者可从胴体表层肌肉明显看出，系水性不良，外观亦差，同时因水分含量高而蛋白质低，风味不佳，降低了猪肉的商品价值和食用价值。轻度的PSE猪肉，可作鲜肉利用，而中度者则品质较差，加工利用时表现为加工制品质地不坚实，色泽和香味均差，利用轻度的PSE猪肉加工的肉制品品质较差，而中度者品质低劣。严重的PSE猪肉，无论作鲜肉用或加工用均不适宜，没有利用价值。产生PSE猪肉与猪体的内部（遗传）因素及环境刺激因素有关。内部因素还存在着品种（如皮特兰猪、长白猪、斯格猪）和个体的差异。外界环境因素，各种不同的饲养管理条件，物理和机械的刺激，如高温、运输、疲劳、剧烈运动以及电麻等，对外界刺激反应敏感的猪易产生PSE猪肉。

7. 黄膘肉和黄疸　正常猪的脂肪应为白色，但在商品猪屠宰后有时见到脂肪呈淡黄色或黄色，如果只是脂肪发黄，这种猪肉叫黄膘肉。如果在脂肪发黄的同时，胸腹膜、关节滑液囊、皮肤、眼结膜、肌腱、血管内膜等都呈黄色，则为黄疸肉。黄疸肉除脂肪呈黄色外，还表现在脂肪质地松软不坚实，有时有异常腥味，外观很差，经济价值也低。黄疸猪的体况大多消瘦、呈营养不良的表现。如在猪宰后发现脂肪黄染，首先要鉴别是黄脂还是黄疸。需要注意的是黄膘（黄脂）肉可以食用，而黄疸肉原则上是不能食用的，应该在无害化处理后废弃。

黄疸引起的黄膘，一般是由某些传染病引起肝胆病变所致，也有因长期过量地饲喂霉烂玉米（含有黄曲霉毒素B_1）导致肝脏代谢紊乱而造成。对于色素所引起的黄膘，主要与饲料有关，如常喂新鲜鱼屑或大量蚕蛹，使用维生素E低而鱼肝油高的日粮，脂肪也易呈黄色。若大量饲喂南瓜，也易形成黄膘猪，此类黄脂肪虽无异常腥味，但因脂肪呈黄色，也降低其商品价值。此外，在肥育后期大量饲喂玉米、米糠、豆饼等，脂肪也多少带黄色。

在养猪生产中，要避免和防止黄膘猪的发生，一方面要加强对肥育猪的科学饲养与管理，另一方面要减少肝胆代谢性疾病的发生，使猪群具有良好的营养状态。

本章重点提示

1. 后备母猪膘情的判断。

2. 哺乳母猪失重控制。

3. 按照胎儿发育规律合理调整妊娠期的营养供给。

4. 母猪发生难产时要正确处置。

5. 创造适宜的环境是保障仔猪健康的重要措施之一。

6. 抓好仔猪出生头 3 d、1 周左右开始诱食及断奶这 3 个关键时期。

第五章　猪场防疫制度化

本章知识新亮点:"防病重于治病",倡导猪健康养殖,做好疫病防治工作

猪病的频繁暴发,给广大养殖场(户)造成极大的经济损失。猪养殖中应做到:养重于防,让猪群生活在一个良好的、适宜的环境中,并加强饲养管理,依靠机体自身免疫力的提高来抵抗疫病的侵扰。

从整体来说,饲养环境生态化,行业规范标准化,饲养规模集约化,疫情预警信息化,防控宏观统一化,科学管理制度化,饲养管理自动化,设备布局合理化,是我们以后养猪发展的主要趋势。

一、猪场消毒及保健

(一)猪场消毒

严格消毒是防止动物疫病侵入和流行的一项重要防疫措施,是当前养猪生产中不可忽视的重要环节。消毒是指采取机械、物理、化学和生物学的手段杀灭和减少生产环境中病原体的一项重要技术措施。

1.消毒的分类　消毒一般分为日常消毒、即时消毒和终末消毒。

(1)日常消毒:也称为预防性消毒,是根据生产的需要采用各种消毒方法在生产区和猪群中进行的消毒。主要有日常定期对栏舍、道路、猪群的消毒,定期向消毒池内投放消毒剂等;临产前对产房、产栏及临产母猪的消毒,对仔猪的断脐、断尾、阉割时的术部消毒;人员、车辆出入栏舍、生产区时的消毒;饲料、饮用水乃至空气的消毒;医疗器械如体温表、注射器、针头等的消毒。预防消毒是以预防传染病、寄生虫病的发生为目的,对未发生过病的猪舍、管理用具、栏圈、集聚场所等处进行定期消毒。

(2)即时消毒:亦称为随时消毒,是当猪群中有个别或少数猪发生一般性疫病或突然死亡猪只的消毒及无害化处理。即时消毒的目的在于及时消灭猪所在场所由病猪排泄的病原体。这种消毒可以减少传染性病原体的数量,限制传染病的蔓延。凡与病猪接触过的和能使传染病蔓延的器物、病猪排泄物和其所在的栏舍,都应进行消毒。消毒要随时进行,多次进行。

(3)终末消毒:也称大消毒,是采用多种消毒方法对全场或部分猪舍进行全方位的彻底清理与消毒。主要用于全进全出生产系统中,当猪群全部自栏舍中转出空栏后,或在发生烈性传染病的流行初期和在疫病流行平息后,为了彻底消灭传染病原体、侵袭病原体而进行的一种消毒。终末消毒不仅要对病猪周围的一切器物、粪便、栏舍、地面进行消毒,还要将猪有关的产品、猪体表进行消毒。

2.常用的消毒方法

(1)物理消毒法:物品用具经火烧、烘烤、煮沸、熏蒸等称为物理消毒。日光(紫外线)、高温消毒的作用下,可使菌原表层的蛋白凝固,细菌很快死灭。例如日照 3～5 h 的结核杆菌,5～9 h 的猪瘟病毒;55℃高温下的炭疽杆菌,40 min 均死亡。对严重污染、廉价的饲养用具可使用火烧,对耐煮沸的衣物、金属及木制品使用煮沸消毒。

(2)化学消毒法:利用酸类、碱类和福尔马林等化学药品进行消毒则称为化学消毒。为增强消毒效果,在实施上述消毒时,应先对消毒对象进行洗刷清扫,因为经过清扫后的消毒对象的传染源数量减少,可以使消毒剂更好地发挥作用。

①常用的化学消毒剂

酚类衍生物：苯酚（石炭酸）、煤酚、煤酚皂液（来苏儿）等；

醇类：酒精；

醛类：甲醛、戊二醛等；

碱类：生石灰、氢氧化钠、碳酸钠等；

氧化剂：高锰酸钾、过氧乙酸等；

酸类：盐酸、硼酸等；

卤素类：漂白粉、氯胺、次氯酸盐等；

表面活性剂：新洁尔灭等。

②常用的化学消毒方法

喷雾消毒：用一定浓度的次氯酸盐、有机碘混合物、过氧乙酸、新洁尔灭等，借助喷雾装置进行喷雾消毒。主要用于猪舍清洗完毕后的喷洒消毒、带猪消毒，猪场道路和周围、进入场区的车辆的消毒。

浸液消毒：用一定浓度的新洁尔灭、有机碘混合物或煤酚的水溶液洗手、洗工作服或胶靴。

熏蒸消毒：每立方米空间用福尔马林（40%甲醛溶液）42 mL、高锰酸钾 21 g，在温度 21℃以上、相对湿度 70%以上，封闭熏蒸 24 h。用甲醛熏蒸猪舍应在进猪前进行。

喷撒消毒：在猪舍周围、入口、产床和培育床下面撒生石灰或火碱可以杀死大量细菌或病毒。

3. 消毒制度　在进行消毒工作时应严格执行消毒操作规程，认真、全面完成消毒任务。

(1)环境消毒：猪舍周围每 2～3 周用 2%火碱消毒或撒生石灰 1 次；场周围及场内污水池、排粪坑、下水道出口每月用漂白粉消毒 1 次；在大门口、猪舍入口设消毒池，使用 2%火碱或 5%来苏儿溶液。注意定期更换消毒液，达到 1 次/周以上，下雨后应及时更换。

(2)人员消毒:工作人员进入生产区净道和猪舍要经过洗澡、更衣、紫外线消毒。严格控制外来人员进入,必须进入生产区时要洗澡,更换场区工作服和工作鞋,并遵守场内防疫制度,按指定路线行走。

(3)猪舍消毒:每批猪只调出后要彻底清扫干净,用高压水枪冲洗,然后进行喷雾消毒或熏蒸消毒。

(4)用具消毒:定期对保温箱、补料槽、饲料车、料箱、针管等进行消毒,一般将用具冲洗干净后,可用0.1%新洁尔灭或0.2%～0.5%过氧乙酸消毒,然后在密闭的室内进行熏蒸。

(5)带猪消毒:定期进行带猪消毒,有利于减少环境中的病原微生物,可用于带猪消毒的消毒药有0.1%新洁尔灭、0.3%过氧乙酸和0.1%次氯酸钠。

另外,要定期投放灭鼠药,及时收集死鼠和残余鼠药,并做无害化处理。

4.影响消毒效果的因素　消毒药的抗菌消毒作用可因很多因素的影响而增强或减弱,所以必须正确认识这些影响因素。

(1)消毒药的选择:选择合适的消毒药是消毒工作成败的关键因素。如季铵盐类是阳离子表面活性剂,起杀菌作用的阳离子具有亲脂性,而革兰氏阳性菌的胞壁含较多的类脂,因此易被季铵盐类消毒剂灭活。如果要杀死细菌芽孢,则需选择高效的化学消毒剂才能取得可靠的消毒效果。

(2)消毒剂的浓度与作用时间:一般来说,消毒液要现配现用,消毒剂的抗菌作用与其浓度大小和作用时间的长短成正比,浓度越大,时间越长,消毒效果越好,但对组织的毒性也相应增大;浓度太低,接触时间太短,则往往不能取得消毒效果。所以,在配制消毒剂时,要根据消毒对象的重量和体积计算、选择最有效而又安全的浓度,不可随意加大或减小药物浓度。对毒力大、抵抗力强、致病力高的病原微生物,配消毒药浓度要高些;大肠杆菌、猪丹毒杆菌、布氏杆菌等抵抗力较弱，浓度可适当低些。

(3)环境温度、湿度和酸碱度：温度高低与消毒效果成正比，即温度越高，消毒作用越强。一般每增高 10℃，消毒效果增强 1～2 倍。因此，冬季气温低用一般消毒液浓度应高于夏季。

湿度对消毒剂作用的影响主要有消毒物品和环境相对湿度两个方面。消毒物品的湿度直接影响到微生物的含水量。如用环氧乙烷消毒时，如细菌含水量太大则需要延长消毒时间；细菌含水量太少时消毒效果也明显降低；完全脱水的细菌则很难被杀灭。气体消毒剂都有其适应的相对湿度范围，如甲醛以相对湿度大于 60%为宜；用过氧乙酸消毒时要求相对湿度不低于 40%，以 60%～80%为宜；直接消毒及干粉处理地面时也需要较高的相对湿度，因为药物潮解后才能充分发挥作用。

酸碱度可改变消毒剂的溶解度、离解度和分子结构等，如酚、次氯酸、苯甲酸是以非离解形式起杀菌作用的，故在酸性环境中杀菌作用强；戊二醛在酸性环境中稳定，而在碱性环境中杀菌作用加强。另外酸碱度对微生物的生长也有影响，在碱性环境中细菌带负电荷增多，有利于阳离子表面活性剂发挥作用。

(4)环境基质：防腐消毒药的抗菌作用与环境中有机物量的多少成反比。常见的有机物如粪便、饲料残渣等，对病原菌具有机械性保护作用。其中的蛋白质也消耗药量，使消毒效力降低。所以在应用消毒药前应先用清水将地面、器具、墙壁、皮肤和创面清洗干净，然后再使用消毒剂。

(5)微生物的特点：不同种类的微生物对不同消毒药的易感性差异很大。一般地，休眠期芽孢对消毒药的抵抗力比繁殖型细菌大，消毒时所需浓度和时间都要增加。因此，选择消毒剂时要考虑到消毒对象。如要杀死病毒，应选用对病毒杀灭效果好的碱性消毒剂。

(6)消毒剂的物理状态：溶液制剂可进入到微生物体内发挥消

毒作用，固体和气体则不能进入微生物细胞中。所以，固体消毒剂必须溶于水中，气体消毒剂必须溶于细菌周围的液层中才能发挥杀菌作用。使用甲醛和高锰酸钾进行熏蒸消毒时，提高室内湿度可明显增强杀菌效果。

(7)消毒剂的配制和合理使用：消毒剂的正确配制关系到消毒效果的好坏。季铵盐类消毒剂用70%酒精配制要比用水配制的穿透力强；酚在水中的溶解度低，制成甲酚皂溶液后可杀灭大多数细菌繁殖体。另外，两种消毒药合用时常常因物理性或化学性的配伍禁忌而使药效降低。如阳离子表面性活剂和阴离子表面活性剂共用时可发生化学反应而减弱消毒效果。

(8)消毒制度：养猪生产各个环节的消毒工作必须制定严格的制度，以保证和维持消毒效果。应注意同一场不要长期用同一种消毒剂，应多备几种消毒剂，定期交替使用，以免产生耐药性。

(二)猪场免疫保健

预防免疫注射是防治猪传染病发生的关键措施。用疫苗给猪注射，能使猪产生特异性抵抗力，在一定时间内猪只就可以不受传染。防治猪传染病的疫苗种类较多，每种疫苗只能用来预防一种传染病。养猪场应根据当地猪的疫病流行情况，有选择进行疫病的预防接种工作。并注意选择适宜的疫苗、免疫程序和免疫方法。

免疫程序是根据猪群的免疫状态和传染病的流行季节、并结合当地的具体疫情而制定的预防接种的疫病种类、疫苗种类，接种时间、次数及间隔等。一般而言，免疫的疫病种类主要是指有可能在该地区暴发与流行的疾病，如刚流行过的疾病或正在临近养猪场流行的疾病等。猪瘟、大肠杆菌病、链球菌、仔猪副伤寒、伪狂犬、猪口蹄疫、萎缩性鼻炎、猪细小病毒病、乙型脑炎、呼吸与繁殖障碍综合征等是广泛存在且难以及时治疗的疫病。因此，设计免疫种类时应主要参考以上疫病，其他疾病则应根据疾病在本地区及附近地区的流行情况考虑。不可能有一个能适合我国不同地区、不同规模统一的免疫程序。下面是猪场常见病免疫程序，仅供参考。

1.生长肥育猪的免疫程序

1日龄：猪瘟常发猪场，为避免母源抗体的干扰，猪瘟弱毒苗超前免疫，即仔猪生后在未采食初乳前，先肌肉注射一头份猪瘟弱毒苗，隔1～2 h后再让仔猪吃初乳；

3日龄：鼻内接种伪狂犬病弱毒疫苗；

7～15日龄：肌肉注射气喘病灭活菌苗、蓝耳病弱毒苗（确认本场存在蓝耳病时才进行免疫）；

20日龄：肌肉注射猪瘟、猪丹毒二联苗（或加猪肺疫三联苗）；

25～30日龄：肌肉注射伪狂犬病弱毒疫苗；

30日龄：肌肉或皮下注射传染性萎缩性鼻炎疫苗；

30日龄：肌肉注射仔猪水肿病菌苗；

35～40日龄：仔猪副伤寒菌苗，口服或肌肉注射（在疫区首免后，隔3～4周再二免）；

60日龄：猪瘟-肺疫-丹毒三联苗，二倍量肌肉注射。

生长肥育期肌肉注射两次口蹄疫疫苗。

2.后备公、母猪的免疫程序

配种前1个月肌肉注射细小病毒、乙型脑炎疫苗；

配种前20～30 d肌肉注射猪瘟-猪丹毒二联苗（或加猪肺疫的三联苗）；

配种前1个月肌肉注射伪狂犬病弱毒、口蹄疫、蓝耳病疫苗。

3.经产母猪的免疫程序

空怀期：肌肉注射猪瘟-猪丹毒二联苗（或加猪肺疫的三联苗）；

初产猪肌肉注射一次细小病毒灭活苗，以后可不注；

头3年，每年3～4月份肌肉注射一次乙脑苗，3年后可不注；

每年肌肉注射3～4次猪伪狂犬病弱毒疫苗；

产前 45 d、15 d，分别注射 K88、K99、987p 大肠杆菌腹泻菌苗；

产前 45 d，肌肉注射传染性胃肠炎-流行性腹泻-轮状病毒三联疫苗；

产前 35 d，皮下注射传染性萎缩性鼻炎灭活苗；

产前 30 d，肌肉注射仔猪红痢疫苗；

产前 25 d，肌肉注射传染性胃肠炎-流行性腹泻-轮状病毒三联疫苗；

产前 16 d，肌肉注射仔猪红痢疫苗。

4. 配种公猪免疫程序

每年春、秋各注射一次猪瘟-猪丹毒二联苗（或加猪肺疫的三联苗）；

每年 3～4 月份肌肉注射一次乙脑疫苗；

每年肌肉注射 2 次气喘病灭活菌苗；

每年肌肉注射 3～4 次猪伪狂犬病弱毒疫苗。

二、猪常见传染病防治

（一）猪瘟

猪瘟是由猪瘟病毒引起的高度接触性传染性疾病，发病率和死亡率都非常高，是危害养猪业最严重的传染病之一。

1. 流行特点　猪瘟病毒只感染猪和野猪，其他动物有抵抗力。不同年龄、品种的猪均易感。病猪是主要传染源，病毒随病猪的口、眼、鼻的分泌物和粪、尿排出，经消化道、呼吸道感染易感猪。怀孕母猪感染后经胎盘传染胎儿，引起产弱胎、死胎、木乃伊胎。

2. 临床症状　潜伏期 1 周左右，按病程分为最急性型、急性型、亚急性型和慢性型。

最急性型：病猪症状不典型，常发生在流行初期，有的猪无症状就突然死亡，大多数猪发病后很快死亡，症状不典型。

急性型:病猪精神委靡,食欲减退或废绝,挤堆,弓背,眼结膜有脓性分泌物,口腔黏膜出血,便秘与腹泻交替出现,粪便内带有黏液或血液,病猪的鼻端、耳、四肢、腹下、会阴处皮肤有出血斑,有的病猪出现神经症状,发病后 7～20 d 死亡。

亚急性型:病猪的症状似急性型,但较缓和,病程 21～30 d,多数死亡。

慢性型:病猪病程在 1 个月以上,全身衰弱,消瘦,体温时高时低,便秘与腹泻交替发生,皮肤有紫斑或坏死。

3. 病变特点　全身淋巴结肿大,周边出血,红白相杂呈大理石状。肾颜色变浅,表面有小出血点,似麻雀蛋颜色。脾肿大、出血,边缘有黑色坏死。慢性病例盲肠、结肠处有扣状肿。

4. 防治措施　本病无特效药物治疗。可采用免疫接种预防本病,常用猪瘟兔化弱毒疫苗。一般在仔猪 20～25 日龄时首免,60 日龄时进行二免,二免也可采用猪瘟-猪丹毒-猪肺疫三联弱毒冻干苗。另外可采用新生仔猪乳前免疫方法,接种后 2～3 h 喂初乳才有效果,断乳后进行二免。

病死猪深埋,场地用 2%～4%氢氧化钠溶液、10%甲醛溶液或 5%～10%漂白粉溶液消毒。受威胁猪群用 2～4 倍量猪瘟疫苗做紧急预防接种。

(二)猪繁殖和呼吸障碍综合征

猪繁殖和呼吸障碍综合征又名猪流行性流产和呼吸综合征、猪蓝耳病、蓝色流产病等。本病是由猪繁殖和呼吸综合征病毒引起的猪的传染病,主要危害繁殖母猪和仔猪,可导致妊娠母猪的繁殖和呼吸症状,早产、流产、死胎、木乃伊及弱胎。

1. 流行特点　本病仅见于猪。母猪、仔猪症状较严重。患病猪和带毒猪是本病主要传染源,且耐过猪可长期带毒。本病通过呼吸道感染,也可经胎盘垂直传播。

2. 临床症状　妊娠母猪体温升高,厌食,精神沉郁,呼吸困难,耳尖发绀，产木乃伊胎，死胎，弱胎。哺乳仔猪虚弱，不会吃奶，呼吸困难，有些仔猪的耳尖、尾巴、四肢末端发绀，呈紫蓝色，俗称“蓝耳病”。肥育猪呼吸困难、咳嗽，个别猪出现两耳发蓝病状。

3. 病变特点　感染猪出现广泛的间质性肺炎，有的出现肺实质变硬。

4. 防治措施　坚持自繁自养。从外地购入猪只时要严格检查、检疫。平时加强饲养管理，搞好环境卫生。一旦发生该病，对患猪对症疗法，控制继发感染，如用病毒灵、特效肠炎净、抗生素类药、解热药、维生素 C 等。仔猪早断乳，隔离饲养，用灭活猪繁殖和呼吸障碍综合征疫苗进行预防接种。

(三)猪伪狂犬病

猪伪狂犬病又名狂痒病，是由伪狂犬病毒引起的猪和其他动物共患的一种急性传染病。其特征为发热，脑脊髓炎的症状，但成年猪常为隐性感染，可有流产、死胎和呼吸症状，新生仔猪表现为发热及神经症状，无母源抗体的新生仔猪死亡率可达 100%。

1. 流行特点　大鼠在猪群之间传递病毒，舐咬、气雾均为可能的传播途径，但最主要的途径是食入污染病毒的饲料或死猪肉。

2. 临床症状　妊娠母猪感染后常发生流产或产死胎、木乃伊胎，有的胎儿已软化自溶。哺乳仔猪发病后体温升高，呼吸困难，间有呕吐和腹泻，出现间歇性抽搐。病猪角弓反张，仰头，歪颈，后期四肢麻木，不能站立，四肢张开呈游泳状划动。死亡率极高。

3. 病变特点　肺水肿，上呼吸道有大量泡沫性黏液，喉黏膜点状或斑状出血。肾点状出血性炎症。胃底大面积出血，小肠黏膜充血，水肿，大肠有斑块状出血。淋巴结特别是肠系膜淋巴结和下颌淋巴结充血肿大，间有出血。脑膜充血、水肿。病程较长者，心包液、胸腹液、脑脊髓液均明显增多。肝表面有大量纤维素渗出。

4. 防治措施　本病尚无药物治疗。不要从发生过本病的地区引进病猪。消灭牧场及养猪场环境中的鼠类，严格将猪牛分开饲养。发现病猪立即隔离，猪圈、场地、用具用2％氢氧化钠或20％石灰水进行消毒。发病猪场禁止牲畜和饲料出去。对病猪进行淘汰。培育健康幼猪、猪群，最终建立无病猪群。

免疫用伪狂犬病弱毒冻干苗，乳猪第一次肌肉注射0.5 mL，断奶时再注1 mL；3个月以上架子猪1 mL；成猪和妊娠猪（产前1个月）2 mL，仅限于疫区和受威胁区使用。也可用伪狂犬病油剂灭活苗肌肉注射，初生仔猪2 mL，断奶仔猪3 mL，妊娠母猪（70 d）5 mL。

（四）猪细小病毒病

本病特征为受感染的母猪特别是初产母猪产出死胎、畸形胎、木乃伊胎及病弱仔猪，偶有流产，母猪本身无明显症状。公猪感染主要表现为繁殖力低下。

1. 流行特点　猪是本病的唯一易感动物，不同年龄、性别的家猪和野猪都可感染。常见于初产母猪，呈地方性流行或散发。病毒由口、鼻、肛门及公猪精液中排出，被污染的器具、饲料均可成为传染媒介。

2. 临床症状　母猪主要表现母源性繁殖失能，发情不正常，久配不孕，怀孕母猪发病主要是产木乃伊胎、死胎。本病还可引起产仔瘦小、弱胎。

3. 防治措施　防止带毒母猪进入猪场，对引进的种猪作两次血凝抑制试验，滴度在1∶256以下或阴性时方可引进。初产母猪在配种前应进行免疫，母猪在配种前2～4周，公猪于8月龄免疫。

目前我国生产的猪细小病毒氢氧化铝灭活疫苗，颈部肌肉注射2 mL，免疫期为1年。

（五）猪口蹄疫

猪口蹄疫俗称“口疮”，是由口蹄疫病毒引起的一种偶蹄兽急性发热性接触性传染病。主要表现口腔黏膜、蹄部和乳房发生特征性水泡和溃疡。

1. *流行特点*　病猪是主要传染源，感染猪喷出的飞沫中含有大量的病毒。发病无明显季节性，散养猪以秋末、冬春为多发季，暴发和流行有一定周期性。

2. *临床症状*　病初体温 40～41℃，精神不振，食欲减少或废绝。鼻镜、舌头、母猪乳头、口腔黏膜有明显水泡，蹄痛跛行，出现局部发红、微热、敏感等症状，不久形成米粒大、蚕豆大的水泡，水泡破后表面出血形成糜烂，蹄壳脱落，患肢不能着地，卧地不起，鼻镜、母猪乳头病灶较为常见。

3. *防治措施*　本病无治疗药物，可用与当地流行血清亚型一致的口蹄疫灭活疫苗对猪群进行预防注射，现在有人工合成肽疫苗，免疫效果比较理想。

发现疫情及时报告，对疫点采取封锁措施，病猪深埋或烧毁并用 2%～4%氢氧化钠溶液、0.1%过氧乙酸溶液或甲醛溶液进行严格消毒。

(六)猪传染性胃肠炎

本病主要引致仔猪腹泻，伴有呕吐，3 周龄以下的仔猪有较高的死亡率。但有时成年猪也有较高死亡率，母猪表现为厌食、发热、腹泻及无乳等，也可能无症状。

1. *流行特点*　各种年龄的猪均易感染，10 日龄以内的仔猪死亡率高达 90%～100%。本病在冬春寒冷季节多发。

2. *临床症状*　仔猪突然发病，首先呕吐，继而发生频繁的水样腹泻，粪便黄色、绿色或白色，有时带血，有恶臭或腥臭味，常夹有未消化的凝乳块，口渴、脱水。

3. *病变特点*　尸体脱水明显，胃和小肠气性膨胀，肠管扩张，内容物稀呈黄色、灰白色或黄绿色泡沫状液体，肠壁变薄有透明感，小肠黏膜绒毛萎缩充血。

4. *防治措施*　用弱毒银苗免疫并不太有效，用强毒株接种怀孕母猪可使仔猪通过母源抗体获得最佳保护。平时应改善卫生条件，加强管理。出现疫情时，要将尚未发病的怀孕母猪、哺乳母猪及其仔猪隔离至安全地方饲养。

本病目前无特效治疗药物，以对症疗法可以减轻症状和缓解失水、酸中毒，防止并发细菌感染，同时给予易消化食物。可采用下述药物试治：

(1)氯化钠 3.5 g、葡萄糖 20 g、氯化钾 1.5 g、碳酸氢钠 2.5 g，加水 1 000 mL，配成口服液，让其自饮。

(2)磺胺脒 2 g、次硝酸铋 2 g，混合口服。

(3)氯霉素注射液 10～20 mg/kg 体重，肌肉注射，每日 2 次，10％葡萄糖 200 mL、维生素 C 注射液 10 mL，混合静脉注射，每日 2 次。

(七)猪流行性腹泻

本病是由猪流行性腹泻病毒引起猪的一种肠道传染病，其特征为呕吐、腹泻和脱水。临床症状类似于传染性胃肠炎病，但传播速度较慢。

1. 流行特点　本病仅发生于猪，各种年龄的猪都能感染发病。病猪是主要传染源，感染途径主要经消化道。多发生寒冷季节。仔猪的死亡率通常约 50％，较大的猪一般发病后 1 周康复。

2. 临床症状　主要表现水样腹泻或腹泻间呕吐，仔猪吃奶或吃食之后多呕吐。1 周龄仔猪发生腹泻后 3～4 d，呈现严重脱水而死亡，体温正常或稍高，精神不振、厌食、持续性腹泻。肥育猪症状轻，拉稀可持续 4～7 d。成年猪仅发生呕吐和厌食。

3. 病变特点　与猪传染性胃肠炎相似。

4. 防治措施　参看猪传染性胃肠炎防治。

(八)猪流行性腹泻

本病是感染多种幼龄动物的一种病毒性腹泻。特征为厌食、呕吐、腹泻和脱水、体重减轻。

1. 流行特点　病畜和隐性患畜是本病的传染源。病毒主要存在于肠道内，经消化道传染易感家畜。该病多发生在晚秋、冬季、早春。

2. 临床症状　呈地方性流行。病初精神沉郁，食欲减少，不愿走动，常有呕吐。迅速发生腹泻，粪便水样或糊状，色黄白或暗黑，吃奶多为黄色。

3. 病变特点　病变主要限于消化道。胃充满凝乳块和乳汁，肠壁变薄，半透明，肠内容物水样或浆性，灰黄色或黑色，空肠、回肠绒毛短缩扁平，肠系膜淋巴结水肿。

4. 防治措施　妊娠母猪产前注射灭活苗或弱毒苗的方法，哺乳仔猪可获得被动免疫的保护。发现病猪后除采取一般防疫措施外应加强饲养管理，停止哺乳，密度不宜过大，增强母猪和仔猪的抗病力。

(1)发病早期，用康复猪血清口服有一定疗效。

(2)对病猪进行对症治疗，用糖盐水给病猪自由饮用。

(3)氯霉素 10～20 mg/kg 体重，肌肉注射，每天 2 次。

(九)猪乙型脑炎

猪乙型脑炎又称流行性乙型脑炎、日本脑炎，是由流行性乙型脑炎病毒引起的一种急性、人畜共患的自然疫源性传染病。猪以流产、死胎和睾丸炎为特征。

1. 流行特点　传播途径主要通过蚊虫(库蚊、伊蚊、按蚊等)叮咬传播，其中最主要的是三带喙库蚊。越冬蚊虫可以隔年传播病毒，病毒还可能经蚊虫卵传递至下一代。病毒的传播循环是在越冬动物及易感动物间通过蚊虫叮咬反复进行的。猪还可经胎盘垂直传播给胎儿。

猪不分品种和性别均易感染。人亦易感。本病发生有明显季节性，多发生于 7～9 月份蚊虫滋生繁殖和猖狂活动季节。在热带地区，可长年发生。本病在猪群中的流行特征为感染率高，发病率低。绝大多数在病愈后不再复发，成为带毒猪。

2.临床症状　体温升高至40～41℃。精神沉郁，食欲减少，饮欲增加。结膜潮红，有的视力障碍。病猪后肢呈轻度麻痹，步行踉跄，关节肿大，最后后肢麻痹，倒地不起而死亡。

妊娠母猪患病时，常突然发生流产，产死胎或木乃伊。流产多发生在妊娠后期，流产时乳房胀大，流出乳汁，常见胎衣停滞，自阴道流出红褐色或灰褐色黏液。流产胎儿有的已呈木乃伊化，有的死亡不久全身水肿。有的仔猪生后几天内发生痉挛症状而死亡，有的仔猪生长发育良好。

公猪发病后表现为睾丸炎，高热后一侧或两侧睾丸肿胀、阴囊发热，指压睾丸有痛感。数日后睾丸肿胀消退，逐渐萎缩变硬。

3.病变特点　脑膜和脊髓膜充血，脑脊髓液增量。睾丸肿大，有许多小颗粒状坏死灶，有的睾丸萎缩硬化。肝、肾肿大，有坏死灶。后躯皮下水肿，全身肌肉退色。胸腔、心包积液，实质脏器浊肿，散在小出血点。出生后不久而死亡的仔猪，常有脑水肿或头盖骨异常肥厚、脑萎缩变化。

4.防治措施　本病尚无有效治疗药物。主要依靠控制传染源及传播媒介，做好灭蚊、防蚊工作，切断传播途径，减少疫病发生。在乙脑流行季节前1～2个月对猪群接种乙脑弱毒疫苗进行预防。

发生乙脑疫病时，采取严格控制、扑灭措施，防止疫病扩散。患病动物予以捕杀并进行无害化处理，死猪、流产胎儿、胎衣、羊水等均须消毒处理，污染场所及用具应彻底消毒。

（十）猪链球菌病

猪链球菌病是一种人畜共患的急性、热性传染病，由链球菌引起的猪的多种疾病的总称。表现为急性出血性败血症、心内膜炎、脑膜炎、关节炎、哺乳仔猪下痢和孕猪流产等。猪链球菌感染不仅可致猪败血症肺炎、脑膜炎、关节炎及心内膜炎，而且可感染特定人群发病，并可致死亡，危害严重。

1.流行特点　链球菌分布广泛，常存在于健康的哺乳动物和人体内。在动物机体抵抗力降低和外部环境变化诱导下，会引起动物和人发病。猪链球菌病可以通过伤口、消化道等途径传染给人。外界环境潮湿，尤其在夏、秋季节，易使猪链球菌生长，且其排泄物中的病菌可污染猪圈、河流、泥土。

2. 临床症状

心内膜炎型：本型不容易生前发现和诊断，多发于仔猪，突然死亡或呼吸困难，皮肤苍白或体表发绀，很快死亡。往往与脑膜炎型并发。

脑膜炎型：除体温升高、拒食外，出现神经症状。磨牙、转圈、头向上仰、运动失调，后期四肢划水样动作，最后昏迷死亡。

关节炎型：通常先出现于 1～3 日龄的幼猪，仔猪也可发生。表现为跛行和关节肿大，呈高度跛行，不能站立，体温升高，被毛粗乱。由于抢不上吃奶而逐渐消瘦。

3. 防治措施　应着眼于减少应激因素，不使猪过度拥挤，加强通风。保持猪舍和场地环境清洁并坚持猪栏和环境的消毒制度。同时将“猪链球多价灭活苗”的预防注射列入常规的免疫程序。一头猪发病经确诊后应对全群猪进行药物预防。可选用以下方法进行预防和治疗：流行季节的全群预防可任选四环素、土霉素、金霉素中一种，按每吨饲料中 600～800 g 添加，连用 7 d。有病例发生时可用阿莫西林每吨饲料 200 g 加磺胺五甲氧嘧啶 300～400 g 添加，连用 7 d。或“速大素”(11%林可霉素预混剂)每吨饲料加 500～700 g、磺胺嘧啶 200～400 g、抗菌增效剂(TMP)40～80 g 拌料，连用 7～10 d。

特别需注意的是，禁止食用感染猪链球菌的病死猪肉，否则易引起人的链球菌感染。

(十一)仔猪黄痢、白痢

本病是由致病性大肠杆菌引起的仔猪以腹泻为主要症状的传染病。

1. 流行特点　仔猪黄痢多发生于1周龄以内的仔猪，而以1～3日龄最为多见，7日龄以上即少发病。仔猪白痢多发生于10～30日龄的仔猪，以6～12日龄为最多。病猪和带菌猪是主要传染源。

2. 临床症状

仔猪黄痢：初期突然1～2头仔猪表现全身衰弱，呈昏迷状态，很快死亡。以后其他仔猪相继发病，排出黄色浆状稀粪，内含凝乳小片，有腥臭味，肛门呈红色松弛，消瘦快，脱水，皮肤皱缩，眼球下陷，昏迷死亡。

仔猪白痢：病猪突然发生腹泻，排出浆状、糊状的粪便，色乳白、灰或黄白，有特异的腥臭味，性黏腻，腹泻次数不等，病猪弓背，行动缓慢。

3. 病变特点

仔猪黄痢：皮下常有水肿，肠道膨胀，有多量黄色液状内容物和气体，肠黏膜呈急性卡他性炎症，肠壁变薄，松弛，以十二指肠最严重，空肠、回肠次之。

仔猪白痢：结肠内容物呈浆状、糊状或油膏状，色乳白或灰白，黏腻，常有部分黏液附于黏膜上而不易完全擦掉，小肠内容物无明显变化，含有气泡。胃内乳汁凝结不全，含有气泡，肠系膜淋巴结轻度肿胀。

4. 防治措施　无病猪场应注意平时预防，不从有病猪场或地区引进猪，搞好圈舍及环境卫生，尤其是产房的卫生，定期消毒，保持干燥。保持母猪乳头洁净。对有病猪场的母猪、仔猪应固定猪圈和运动场，防止流窜。

预防仔猪黄、白痢发生用K88-LTB基因工程苗于临产前每头肌肉注射2 mL或大肠杆菌K88菌苗对孕猪产前15～20 d颈部肌肉注射3 mL，产后3～4 d再免疫1次。

用氯霉素或土霉素、链霉素50～100国际单位在母猪临产时肌肉注射，产后仍连续用3 d，可使仔猪免受感染。

治疗时应全窝给药，最好以下两种药同时应用。

(1)氯霉素每次 0.5 mL 肌肉注射(6.25 万国际单位)，12 h 1 次，连用 2 d。注意不能超剂量、用药时间过长，以免中毒。

(2)黄连素、穿心莲各 1～2 mL，肌肉注射一次即可。

(十二)猪丹毒

本病是由猪丹毒杆菌引起的猪的一种急性热性传染病。病程多为急性败血型或亚急性的疹块型，转为慢性的多发生关节炎、心内膜炎。

1. 流行特点　本病主要发生于猪。病猪、带菌猪是本病的传染源。主要经消化道、损伤皮肤、吸血昆虫传播。

2. 临床症状

急性型：常见，精神不振、体温升高，耳、颈、背皮肤潮红、发紫。常于 3～4 d 死亡。

亚急性型(疹块型)：胸侧、背部、颈部至全身出现界限明显，圆形、四边形，有热感的疹块，俗称“打火印”，指压不退色。

慢性型：常见关节炎，关节肿大、变形、疼痛、跛行、僵直。溃疡性或椰菜样疣状赘生性心内膜炎。

3. 病变特点

急性型：猪丹毒肠黏膜发生炎性水肿，胃底、幽门部严重，小肠、十二指肠、回肠黏膜上有小出血点，体表皮肤出现红斑，淋巴结肿大、充血，脾肿大呈樱桃红色或紫红色，质松软；肾脏表面、切面可见针尖状出血点，肿大。

疹块型：以皮肤疹块为特殊变化。

慢性型：溃疡性心内膜炎，增生，二尖瓣上有灰白色菜花赘生物，瓣膜变厚，肺充血，肾梗塞，关节肿大，变形。

4. 防治措施

种公、母猪每年春秋两次进行猪丹毒氢氧化铝甲醛苗免疫。育肥猪 60 日龄时进行一次猪丹毒氢氧化铝甲醛苗或猪瘟-猪丹毒-猪肺疫三联弱毒冻干苗免疫即可。

治疗可用青霉素每千克体重1万国际单位静脉注射或四环素每千克体重5 000～10 000国际单位,1日2次。

(十三)猪肺疫

本病是由多杀伤性巴氏杆菌所引起的一种急性传染病(猪巴氏杆菌病),俗称"锁喉风","肿脖瘟"。急性呈败血症变化,咽喉部肿胀,高度呼吸困难。

1.流行特点　猪对本病易感性很高,发病无明显季节性,但以冷热交替、气候剧变、不良因素促进本病发生,一般为散发。

2.临床症状

最急性型:体温升高到41～42℃,食欲废绝,呼吸困难,呈犬坐姿势,口鼻流出泡沫,病程1～2 d,死亡率100%。

急性型(胸膜肺炎型):呼吸困难,痛咳,胸部疼痛,呈犬坐、犬卧。

慢性型:持续有咳嗽,呼吸困难,鼻流少量黏液,有时出现关节肿胀,消瘦,腹泻,经2周以上衰竭死亡,病死率60%～70%。

3.病变特点

最急性型:肺、淋巴结水肿,咽喉部及周围结缔组织出血性浆液性浸润最为特征。舌根两侧黏膜有水疱。

急性型:特征性的病变是纤维素性肺炎,有不同程度肝变区。胸膜与肺粘连,肺切面呈大理石纹,胸腔、心包积液,气管、支气管黏膜发炎有泡沫状黏液。

慢性型:肺肝变区扩大,有灰黄色或灰色坏死,内有干酪样物质,有的形成空洞,高度消瘦,贫血,皮下组织见有坏死灶。

4.防治措施　进行预防接种是预防本病的重要措施,每年定期进行有计划免疫注射。目前生产的猪肺疫菌苗有猪肺疫灭活菌苗、猪肺疫内蒙系弱毒菌苗、猪肺疫EO-630活菌苗、猪肺疫TA_{53}

活菌苗、猪肺疫 C_{20} 活菌苗 5 种，使用、保存和注意事项按说明书。

发生本病时，应将病猪隔离、封锁、严密消毒。同栏的猪用血清或用疫苗紧急预防。对散发病猪应隔离治疗，消毒猪舍。

治疗可采用以下药物：

(1)青霉素 80 万～240 万国际单位肌肉注射，同时用 10%磺胺嘧啶 10～20 mL 加注射用水 5～10 mL 肌肉注射，12 h 1 次，连用 3 d。

(2)45 kg 以上猪用氯霉素 2 500 mg、链霉素 3 000 mg、10%氨基比林 20 mL 肌肉注射，6 h 1 次，连用 2 次。

(3)庆大霉素 1～2 mg/kg 体重、四环素 7～15 mg/kg 体重，每日 2 次，直到体温下降为止。

(十四)仔猪红痢

本病是由 C 型魏氏梭菌引起的急性传染病，又称仔猪传染性坏死性肠炎。主要发生于 1 周龄以内的仔猪，下痢呈红色混合坏死组织碎片和气泡，发病急，死亡率高。

1. 流行特点　本病主要侵害 1～3 日龄仔猪，1 周龄以上仔猪很少发病。当初生仔猪很短时间内吮吸母猪的奶或吞入污染物而致使发病。

2. 临床症状

最急性型：生后 1 d 内即发病，突然下痢，后躯沾满血样稀粪。少数病例不见血痢便昏倒和死亡。

急性型：病程常在 2 d，一般在第 3 天死亡。病中排出含有灰色坏死组织碎片的红褐色液体粪便。

亚急性型：不见出血性腹泻，排黄色粪便，后成液状，内含有灰色坏死组织碎片，类似米粥样，病猪食欲不振，消瘦脱水，一般 5～7 d 死亡。

慢性型：少见，病程在 1 周以上，呈间歇性或持续性腹泻，粪便呈黄灰色糊状。逐渐消瘦，生长停滞，于数周后终于淘汰。

3. 病变特点　病变主要见于空肠，有的扩散到回肠。空肠呈暗红色，肠腔充满含血的液体。空肠部绒毛坏死，肠系膜淋巴结鲜红色。病程长的以坏死性炎症为主，黏膜呈黄色或灰色坏死性假膜，容易剥离，肠腔内有坏死组织碎片。

4. 防治措施　加强饲养管理，对猪舍、场地、环境经常进行清洁卫生和消毒，特别是产房更为重要。接生前母猪的奶头要清洗消毒。

可在母猪产前 1 个月和半个月各肌肉注射仔猪红痢灭活菌苗 1 次，每次 5～10 mL。

由于本病发生迅速，病程短，发病后用药治疗疗效不佳，必要时用抗生素对刚出生仔猪立即口服，每日 2～3 次，作为紧急药物预防。

(1)在未吃初乳前及以后的 3 d，青霉素 G 钾和链霉素各 10 万国际单位，加蜂蜜调制成糊状抹于舌面，可防止本病发生，治疗时两药各每千克体重 1 万国际单位给药。

(2)5%葡萄糖 20 mL、庆大霉素 8 万国际单位、地塞米松 10 mL，混合一次静脉注射。

(3)5%葡萄糖 20 mL、10%复方磺胺嘧啶 5 mL、氢化可的松 5 mL，混合一次静脉注射。

(十五)猪气喘病

本病是由猪肺炎支原体引起的一种高度接触性慢性传染病，又称猪地方性肺炎或称猪传染性肺炎、猪支原体性肺炎。主要表现为咳嗽、气喘、肺炎，肺的尖叶、心叶、隔叶前缘呈“肉样或虾肉样”的病变。

1. 流行特点　乳猪和断奶仔猪易感性高，发病率和病死率较高。成年猪多为隐性。一年四季均可发生，但以春、冬季多发。

2. 临床症状　病猪呼吸困难，喘气明显似拉风箱样声音，有的病猪张口呼气，成犬坐姿势。

3. 病变特点　主要病变在肺、肺门淋巴结和纵膈淋巴结。肺呈淡灰红色或灰红色、半透明，像新鲜的肌肉，切面流出微浑浊白色带泡沫的浆性或黏性液体，病程长或病重时病变部呈淡紫色、深紫色或灰白色、灰黄色，半透明减轻而坚韧度增加，俗称"胰变"或"肉样变"。

4. 防治措施　在未发生本病的地区，应自繁自养，不要引进疫区的猪只，在引进猪时，应先隔离检查 3 个月，有条件用 X 线透视 2～3 次，证明确无本病时才能混群饲养。在疫区以康复母猪培育后代，仔猪按窝隔离，防止串栏，肥育猪、架子猪和断奶小猪分舍饲养，利用各种检疫方法清除病猪和可疑病猪，建立扩大健康猪群。

用猪气喘兔化弱毒苗或猪喘气病弱毒冻干苗对疫区猪进行免疫。

发现可疑病猪立即隔离，除采取常规防疫外，对病猪采取如下治疗措施：

(1)土霉素每千克体重 40 mL，肌肉注射(如体重超 50～150 kg 最高用量不得超过 100 万国际单位)，12 h 1 次，连用 5 d。

(2)卡那霉素每千克体重 10～20 mg，肌肉注射，每天 2 次，连用 5 d。

(3)螺旋霉素，每千克体重 10～15 mg，肌肉注射，每日 1 次，连用 5 d。

(4)林可霉素每吨饲料加入 200 g，连喂 3 周，或按每千克体重 50 mg 肌肉注射，连续 5 d。

(5)泰乐菌素每千克体重 7 mg，肌肉注射，连用 3 d。

(十六)猪传染性萎缩性鼻炎

本病是猪的一种慢性接触性传染病，以鼻炎、鼻梁变形和鼻甲骨萎缩和生长缓慢为特征。主要是由支气管败血波特氏杆菌及多杀性巴氏杆菌毒素源性菌株联合感染引起的。

1. 流行特点　任何年龄猪均可发生，但以仔猪易感性最大。

感染常在数周后发生鼻炎并引起鼻甲骨萎缩。病猪和带菌猪是主要传染源。该病传播缓慢,多为散发或地方流行性。

2.临床症状 表现鼻炎,出现喷嚏、流涕和吸气困难,有浆液性鼻液、黏液性分泌物。症状加重鼻甲骨开始萎缩,仍打喷嚏,流浆液性、脓性鼻液,气喘,吸气时鼻孔开张,发出鼾声。

发病后 3～4 周鼻甲骨开始萎缩,致使鼻腔和面部变形,是该病特征性症状。

3.病变特点 鼻腔的软骨和骨组织软化和萎缩,主要是鼻甲骨萎缩,鼻甲骨的下卷曲变小而钝直,使鼻腔变成一个鼻道,鼻中隔弯曲。

4.防治措施 对有病猪场严格检疫,淘汰病猪和可疑猪,对与病猪及可疑猪有接触的应隔离饲养,观察 3～6 个月,完全没有可疑症状认为健康。

常发区用猪传染性萎缩性鼻炎油佐剂二联灭活苗对产前25～40 d 的母猪于颈部皮下注射 2 mL,或对 4～8 周龄仔猪注射 0.5 mL。在治疗时可采取如下方法:

(1)10%磺胺嘧啶 5～10 mL 加蒸馏水 3～5 mL,肌肉注射。

(2)鼻黏膜肿胀影响呼吸可用 5%麻黄素 5 mL 加青霉素 80 万国际单位混合或 0.1%肾上腺素向鼻孔注入,每次 1～2 mL,一日数次。

(3)2.5%恩诺沙星每 10 kg 体重 1 mL,肌肉注射,每天一次,连用 5 d。

(4)用土霉素 400 g/t 或磺胺二甲嘧啶 100 g/t 饲料混入饲喂 5 周左右。

(十七)仔猪副伤寒

本病是由沙门氏菌引起的一种仔猪肠道传染病。临床以急性败血症、慢性坏死性肠炎,有时伴有卡他性肠炎或干酪性肺炎为特征。主要侵害 2～4 月龄仔猪。

1.流行特点　本病的发生主要有两种情况，一是病猪，带菌猪粪、尿、乳汁、流产胎儿等排出细菌污染饲料、饮水及外界环境，通过消化道传染发病；二是病原体存在于健康猪体内，不表现症状，当饲养管理不当，环境改变，传染病侵袭等，使猪抗病能力下降，细菌繁殖而致病。

2.临床症状　断奶仔猪常出现急性症状，体温升高，排淡黄色恶臭的稀粪，耳根、胸前、腹下皮肤呈蓝紫色或出血斑。年龄稍大的仔猪常出现慢性症状，排灰白色、黄绿色水样恶臭稀粪，混有坏死组织碎片或纤维素性物。病猪消瘦，生长不良。

3.病变特点　急性病猪呈败血症变化，全身淋巴结肿大出血，脾肿大，呈紫红色，散在小坏死点，肠管肿胀，大肠严重出血。慢性病猪的盲肠和结肠呈坏死性炎症，肠壁增厚，表面附着纤维素性伪膜。

4.防治措施　加强饲养管理，采用饲料添加抗生素或自己配饲料，不从疫区或病场引进猪，在交易市场购猪需有相关检疫证明。

当发生本病，立即隔离病猪，用碱性消毒药对猪舍及环境、用具等进行消毒，限制人员、犬猫等动物出入。常发本病的地区可考虑注射猪副伤寒菌苗。

在治疗时用药剂量要足，维持时间宜长，不能在治疗取得效果后即停止用药。土霉素、氯霉素日剂量每千克体重30～50 mg，视病猪病情肌肉注射或口服。磺胺双甲基嘧啶及甲基嘧啶日量每千克体重0.2 g，口服2次。康迪注射液0.1～0.2 mL/kg体重，肌肉注射。

(十八)猪布氏杆菌病

猪布氏杆菌病简称布病，本病是由布氏杆菌引起的猪生殖器官和胎膜发炎，引起流产、不育和各种组织局部病灶、睾丸炎和副性腺炎。

1. 流行病学 病畜和带菌动物是本病的主要传染源，主要由消化道感染，有时也通过创伤的皮肤、结膜、阴道等感染。猪主要通过交配感染，母畜感染后 2 次流产少见，但也有连续几胎流产者。

2. 临床症状 最显著的症状就是流产、不孕，母猪产出木乃伊胎、死胎、弱仔。公猪常见睾丸炎和附睾炎，全身发热，局部疼痛不愿配种。

3. 病变特点 流产母猪子宫内膜炎，内膜充血，出血。胎盘上有大量出血点。流产的胎儿皮下水肿，脐部尤明显。

公猪睾丸肿大明显，睾丸膜常与皮下组织粘连，切面有坏死病灶和脓肿，有时精囊发炎。

4. 防治措施 加强饲养管理，定期消毒，定期检疫，及时淘汰病畜。不要随意引进生猪，着重体现“预防为主”原则，在未感染地区坚持自繁自养。对引进的猪隔离 2 个月，同时进行布氏杆菌病检查。一经发现即应淘汰。对于感染本病猪，目前尚无很好治疗方法，对贵重病猪可用金霉素、四环素、土霉素和磺胺类药治疗，也可用 2.5％恩诺沙星、环丙沙星、乳酸诺氟沙星试治。

目前免疫主要用猪布鲁氏菌 2 号弱毒活苗，进行预防接种，免疫期为 1 年。

(十九)猪炭疽

本病是由炭疽杆菌引起的一种急性、热性、败血性人畜共患的传染病。其病变的特点是败血症变化，脾脏显著增大，皮下和浆膜下有出血性胶样浸润，血液凝固不良。

1. 流行特点 本病的主要传染源是病畜。猪对炭疽杆菌有相当强的抵抗力，多数呈隐性感染，发病率低，多为散发。

2. 临床症状 猪多为慢性经过，生前无明显临床症状，多在屠宰后肉品检验时才被发现；亚急性型为咽炎症状，体温升高，精神及食欲不振，咽喉及腮腺部明显肿胀，吞咽和呼吸困难，颈部活动不灵活，口鼻黏膜发绀最后可窒息死亡。个别猪也可出现急性败血症死亡。

3. 病变特点

咽喉型：咽、颈皮下出血性胶样浸润，颌下淋巴结急剧肿大，切面出血呈樱桃红色，中央稍凹，有黑色坏死灶。口腔、会厌、软腭、舌根及咽部也呈肿胀出血，黏膜下及深部组织内有出血性胶样浸润。

肠型：主要发生在小肠，多以肿大、出血和坏死的淋巴小结为中心，形成局灶性出血性坏死性肠炎病变。

隐性型：常见于颌下淋巴结，少见于颈、咽后和肠系膜淋巴结。淋巴结不同程度增大，切面呈砖红色，散布有细小灰黄色坏死病灶或暗红色凹陷小病灶，周围的结缔组织有水肿性浸润，呈鲜红色。

4. 防治措施

在经常发生炭疽及受威胁区每年应预防接种无毒炭疽芽孢苗，皮下注射 0.5 mL；或Ⅱ号炭疽芽孢苗，皮下注射 1 mL。

确诊为炭疽病后，应迅速查明疫情，立即报告上级兽医防疫部门，规划疫区，实行封锁和一系列兽医卫生防疫措施。

对接触过病畜、病人的人员，应加强个人防护和进行医学观察 12 d。凡皮肤有破损或未预防接种者，一律不准饲养和接触病畜、病人，对皮肤有损伤者，应做相应处理。

病猪因其病程短，必须及早用药。

(1)炭疽血清 30～60 mL，皮下或静脉注射，必要时于 12 h 后再注一次。

(2)复方磺胺嘧啶钠，每千克体重 0.1 g，肌肉注射，每日 2 次，连用 5 d，首次加倍。

(3)青霉素每千克体重 1 万国际单位，肌肉注射，每日 2 次，连用3 d，首次加倍。

(4)链霉素每千克体重 1 万国际单位，肌肉注射，每日 2 次，连用3 d。若与青霉素配合使用，则疗效更佳。

（二十）猪钩端螺旋体病

本病是一种复杂的人畜共患传染病和自然疫源性传染病，主要有发热、黄疸、血红蛋白尿、出血性素质、流产、皮肤和黏膜坏死、水肿等。

1. 流行特点　多种动物易感，鼠和猪带菌率较高。本病多发生于夏、秋季节。

2. 临床症状

急性黄疸型：多发生于大猪和种猪，呈散发，偶也见暴发。全身皮肤和黏膜泛黄，尿浓茶样或血尿，腥臭味。

亚急性型和慢性型：多发生于断奶前后至30 kg以下的小猪，呈地方流行性或暴发。体温升高，眼结膜潮红，精神不振。眼结膜有的潮红浮肿，有的泛黄，有的在上下颌、头部、颈部甚至全身水肿，指压凹陷，俗称“大头瘟”。

母猪表现流产，流产的胎儿有死胎、木乃伊胎、弱胎，后期感染弱仔不能站立，移动时做游泳动作，不会吃乳，经1～2 d死亡。

3. 病变特点　皮肤、皮下组织、浆膜和黏膜有程度不同的黄疸，胸腔和心包有黄色积液。肠系膜、肠、膀胱黏膜等出血。肝肿大，呈棕黄色，胆囊肿大，淤血，膀胱积有血红蛋白尿和浓茶样蛋白尿，肾肿大，淤血，慢性型有散在的灰白色病灶。水肿型上下颌、头颈、背、胃壁出现水肿。成年猪肾皮质出现1～3 mm的灰白色病灶，病程稍长，肾萎缩变硬，表面凹凸不平或呈结节状，被膜粘连不易剥离。

4. 防治措施　消灭疫源地，切断传染源是控制本病的关键。做好灭鼠工作，对病畜及带菌家畜实行严格控制，做好环境卫生保护，经常消毒，清理污水、垃圾，粪便发酵。对发病地区进行定期注射菌苗免疫。

治疗钩端螺旋体感染有两种情况：一种是无症状带菌者的治

疗，另一种是急性、亚急性、慢性病抢救。带菌病猪用链霉素、土霉素、四环素有一定疗效，对急性、亚急性用大剂量青霉素、链霉素、氯霉素、四环素等，配合对症治疗，应用强心、利尿、维生素 C、葡萄糖等药。

（二十一）猪痢疾

本病为猪的一种肠道传染病，是由猪痢疾密螺旋体引起的疾病。其特征为大肠黏膜发生卡他出血性炎症，有的发展为纤维素坏死性炎症，临床以消瘦、腹泻、黏液性或黏液血性下痢。

1. 流行特点　猪痢疾在自然流行中除猪以外其他畜禽不见发病。各种年龄的猪均可发生，但 7～12 周龄的小猪发生较多。病猪和带菌猪所排粪便带有大量菌体，污染周围环境、饲料、饮水、用具，均能通过消化道感染。无明显季节性，但以 4～5 月和 9～10 月发病较多，流行缓慢，持续时间长，且可反复发病。

2. 临床症状

最急性型：见于流行初期，不见症状突然死亡，随后出现病猪剧烈下痢，粪开始呈灰黄软状，随即水泻。重病例 1～2 d 间粪便充满血液和黏液，粪便失禁，有腥臭味，眼球下陷，抽搐死亡，病程 12～24 h。

急性型：多见于初、中期，病初排软粪，继则含有大量半透明黏液使粪呈胶冻状，多数含有血液、凝血块及咖啡色或黑红色脱落的黏膜组织碎片。

亚急性型和慢性型：多见于流行的中后期。下痢时粪中有黑红色液和黏液，里急后重，反复发生，消瘦、贫血、食欲减退、生长停滞。

3. 病变特点　病变局限于大肠，回盲结合处尤其明显，其他脏器无明显病变。急性可见卡他性或出血性肠炎。大肠、盲肠黏膜肿胀，并覆盖着黏液和带血块的纤维素。肠内容物软至稀薄，并混有液、血液和组织碎片。直肠黏膜肥厚，大肠黏膜表面坏死，形成假膜,呈麸皮样,剥去伪膜露出糜烂面。

4. 防治措施　严禁从疫区引进生猪,必须引进时,应隔离检疫2个月。在无病的猪场,一旦发现病猪,最好淘汰。有报告介绍,对病猪群采用药物防治,实行全进全出的单一饲养制,结合清除粪便、消毒、干燥及隔离等措施,可以控制本病和净化猪群。

药物治疗可用四环素每吨饲料100～200 g,连喂3～5 d,或氯霉素、庆大霉素、链霉素均可,同时结合症状,采用补液、强心等治疗。

(二十二)猪水肿病

猪水肿病又称大肠杆菌毒血症、浮肿病、胃水肿,是小猪一种急性、致死性的疾病,其特征为胃壁和其他某些部位发生水肿。

1. 流行特点　本病主要发生于断乳仔猪。生长快、体况健壮的仔猪最为常见,瘦小仔猪少发生。带菌母猪传播给仔猪,呈地方性流行,常限于某些猪场和某些窝的仔猪。本病一年四季均可发生,但多见于春秋季。

2. 临床症状　病猪突然发病,精神沉郁,食欲减少,心跳疾速,呼吸初快而浅,后来慢而深。喜卧地,肌肉震颤,不时抽搐,四肢动作游泳状,呻吟,站立时弓腰,发抖。前肢如发生麻痹则站立不稳,后肢麻痹则不能站立。步态摇摆不稳,盲目前进或作圆圈运动。水肿是本病的特殊症状,常见于脸部、眼睑、结膜、齿龈、颈部、腹部的皮下。

3. 病变特点　特征性的病变是胃壁、结肠肠系膜、眼睑和脸部及颌下淋巴结水肿。胃内充满食物,黏膜潮红,有时出血,胃底区黏膜下有厚层的透明水肿,有时带血的胶冻样水肿浸润,使黏膜与肌层分离,水肿严重的可达2～3 cm,严重的可波及贲门区和幽门区。

4. 防治措施　目前对本病尚无特异的有效疗法,预防本病关键在于改善饲养管理,饲料营养要全面,蛋白质不能过高。在没有本病的地区,不要从有病地区购进新猪,邻近猪场发生本病,应做好卫生防疫工作。在有本病的猪群内，对断乳仔猪在饲料中添加适宜的抗菌药物。切忌突然断乳和突然更换饲料。仔猪断奶前7～10 d用猪水肿多价浓缩灭活菌苗肌肉注射1～2 mL，可预防本病发生。

可用如下抗生素治疗：

(1)恩诺沙星4～6 mL，肌肉注射，每日2次，连用3 d，0.1%亚硒酸钠3～4 mL，肌肉注射，病重5～6 d重复注射一次。

(2)头孢止痢每千克体重0.1～0.15 mg，口服或肌肉注射，不可超过大剂量，也不必与其他药配合应用。

(3)氯霉素或硫酸卡那霉素每千克体重25 mg，肌肉注射，一日2次，连用3 d。剂量准确，不可超量。5%葡萄糖200 mL，静脉注射。

(4)20%磺胺嘧啶钠10 mL或6甲氧磺胺嘧啶10 mL，肌肉注射，每天2次，连用3～5 d；5%氯化钙和4%乌洛托品各5 mL混合，静脉注射。

(5)庆大霉素5 mL，地塞米松100～200 mg，分点注射，连用2～3次。

(二十三)猪无名高热综合征

猪无名高热综合征又称猪高热综合征，是一种发病率和死亡率均较高的疾病，主要发生在育成期猪和部分母猪，病猪临床主要表现为体温升高、精神沉郁、食欲不振或废绝，呼吸困难、喘气，部分猪伴有皮肤发红变紫等症状，少数毛孔有出血点。病原主要为多种病毒和细菌、寄生虫的混合感染和继发感染。

从2006的5月底开始，某些地区的许多猪场，生长育成猪和部分母猪、保育猪暴发猪无名高热病，大部分发病猪场患猪发病率在50%以上，死亡率高达50%～90%，给猪场和养猪户造成了严重的经济损失，有些猪场因此而破产。

由于该病病因复杂，一般为多病原的混合感染，临床上较难控制，治疗效果往往不理想，造成猪群生长缓慢或停滞，病残猪和死亡猪只增多，饲料效率、生长速度以及猪群整体的均匀度降低，治疗成本增加，使养猪生产蒙受严重的损失。

1. 流行特点

(1)发生在气温较高的季节，病程长，一般在 5～20 d，病死率高。

(2)猪场对防疫工作不重视、技术人员保健观念差，没有严格封闭猪场、没有对猪群进行系统的保健的猪场发病严重。

(3)体重一般在 20～80 kg 的猪发病率最高，也有断奶后的仔猪发病。

(4)药物治疗效果不太理想，乱用药的猪场死亡率更高。

2. 临床症状　发病猪体温升高至 40～42.5℃，精神沉郁，采食量下降或食欲废绝，患猪皮肤发红，耳后耳边缘发绀，腹下和四肢末梢等身体多处皮肤有斑块状，呈紫红色；呼吸困难，喜伏卧，部分猪出现严重的腹式呼吸，气喘急促，有的表现喘气或呈不规则呼吸；部分患猪流鼻涕、打喷嚏、咳嗽、眼分泌物增多，大部分猪有泪斑，出现结膜炎症状；部分猪群便秘，粪便秘结，呈球状，尿黄而少、混浊，颜色加深。病程稍长的病猪全身苍白，出现贫血现象，被毛粗乱，部分病猪后肢无力，个别病猪濒死前不能站立，最后全身抽搐而死。发病猪群死亡率很高，有的猪场甚至高达 50%～90%。部分母猪在怀孕后期(100～110 d)出现流产，产死胎、弱仔和木乃伊。

3. 病变特点　所有病死猪均出现不同程度的肺炎，剖检可见以下症状：

(1)肺肿胀、变硬；呈不能收缩的橡皮状肺，间质性肺炎症状明显，肺部呈现斑驳状到褐色病变(大理石样)；大多数都是混合感染肺炎，有化脓灶，部分猪肺出血，出血性肺炎，间质明显增宽。

(2)淋巴结广泛肿大，特别是腹股沟淋巴结和肺门淋巴结。

(3)有的病死猪肝脏肿胀,颜色变淡,有的肝则呈黄土色,质脆,个别猪肾、膀胱、喉头、心冠状沟脂肪及心内外膜等有出血点;部分病死猪肾肿大,颜色变深,呈褐色或土黄色,质地较脆,有淤血现象。有的病猪脾脏肿大、质脆。

(4)多发性浆液纤维素性胸膜炎和腹膜炎,胸腔及腹腔有纤维蛋白渗出。个别猪肺浆膜与胸膜或心包纤维素性粘连。

4.防治措施　该病病因复杂,病猪一般愈后不良,防治上应坚持预防为主,通过加强饲养管理,搞好防暑降温工作,提前保健预防,加强消毒工作,对症治疗等措施,降低其发病率和死亡率。

该病重在预防,当猪群大规模发病时,治疗效果一般不理想。应在疫病未发生之前在饲料或饮水中添加抗生素进行预防,应在猪无名高热发病高峰期前加药预防,当疫病发生时,针对细菌和支原体进行抗菌药物治疗可减少损失,应及早采取措施在饮水和饲料中同时投药,结合注射对病猪进行治疗,以减少细菌二次感染引起的死亡。目前猪场临床较敏感药物有支原净等,猪场可根据本场情况采用联合用药的办法,制定本场的预防保健用药计划,从母猪用药保健开始控制细菌性疫病的源头。

三、猪常见寄生虫病防治

(一)猪疥癣病

猪疥癣病俗称猪癞,是猪疥螨寄生于猪的皮肤内而引起的一种接触感染的慢性寄生虫病,以皮肤剧痒为特征。

1.临床症状　病变先由头部开始,常发生于眼圈、颊部和耳朵等部位,之后到腹部和四肢、肩、背、皮肤发痒。最初被擦皮肤的皮屑和被毛脱落,而后潮红,浆液浸润,甚至出血,并出现丘疹水疱。渗出液、血液结成痂皮。如化脓感染则形成脓灶。因擦痒不断,痂皮一再脱落再结,久之皮肤增厚,变粗变硬,失去弹性。幼猪消瘦,发育受阻,成为僵猪,甚至引起死亡。

2. 防治措施　搞好猪舍及用具卫生,定期消毒。及时排出可疑病猪,隔离饲养,查明原因,采取相应措施。从外地购买、以其他方式引入的猪,应事先了解该地有无螨病存在;引入后应详细观察,确无螨病,方可入群饲养。对已确诊病猪,立即隔离治疗,以防止蔓延,病猪接触的木栅、墙壁、饲槽及用具均应彻底消毒,以防传染。在治疗时主要是灭疥癣。

(1)用敌百虫 1 份加液体石蜡 4 份,混合后擦患部。

(2)2%敌百虫水溶液,洗擦患部或喷淋猪体。

(3)伊维菌素或阿维菌素每千克体重 0.3 g,一次皮下注射,或 0.25%单甲咪,每周 2 次喷猪体。

(二)猪肺线虫病

本病是由后圆科后圆属的线虫所引起的,因肺丝虫寄生于猪的支气管和细支气管,故又称猪肺线虫病或猪后圆线虫病。

1. 发病原因　猪在夏秋摄食蚯蚓的机会多,所以受感染的也较多。本病与饲养管理方式有关,舍饲猪群比放牧的猪群感染率低。凡被猪肺丝虫卵污染并有蚯蚓的运动场、牧场、饲料和植物以及有感染性幼虫的水源都可以使猪发生感染。

2. 临床症状　轻度感染时症状不明显,但影响生长和发育。本病主要危害仔猪,严重者可引起支气管炎和肺炎。

3. 病变特点　膈叶腹面边缘有楔状肺气肿区,支气管增厚、扩张,靠近气肿区有坚实的灰色小结。支气管内有虫体和黏液。

4. 防治措施　猪场建在高燥干爽处,猪舍、运动场应用坚实的地面,注意排水。墙边角泥土要砸紧夯实或换上沙土,构成不适于蚯蚓滋生的环境。按时清除粪便,进行堆肥发酵。对猪场进行有计划预防性和治疗性驱虫。

对病猪及时发现确诊,及时治疗,可采用如下方法:

(1)用 1%敌百虫液,仔猪 1 mL,育肥猪每 25 kg 体重 2~3 mL,以人用静脉注射针头刺入气管缓慢注入。

(2)用左旋咪唑每千克体重 8 mg,混入饲料或饮水中给药。

(3)伊维菌素每千克体重 0.3 mg,皮下注射。

(4)海群生每千克体重 0.1～0.2 g,配成 30%溶液皮下注射或内服,隔 3～5 d 用 2～3 次。

(三)猪旋毛虫病

本病是由毛首目毛形科的旋毛形线虫所引起的。成虫寄生于肠管,称肠旋毛虫;幼虫寄生于横纹肌,称肌旋毛虫。

1. *发病原因*　猪感染的原因多因吞食了未煮熟的带有旋毛虫的碎肉垃圾或带有旋毛虫的尸体如鼠、蝇蛆、步行虫以至某些动物排出的含有未被消化的肌纤维和幼虫包囊的粪便物质都能感染。

2. *临床症状*　旋毛虫病可分为由成虫引起的肠型和由幼虫引起的肌型两种。猪肠型成虫侵入肠黏膜而引起食欲减退、呕吐、腹泻、粪中带血。对猪危害主要是肌型,幼虫进入肌肉,表现体温升高、疼痛、麻痹、运动障碍、声音嘶哑,呼吸、咀嚼与吞咽呈不同程度的障碍。消瘦、眼睑和四肢水肿。

3. *病变特点*　在横纹肌(膈肌、舌肌、咬肌、肋间肌、喉肌、胸肌等)的肌肉里可检出旋毛虫。肌肉发生变性,肌纤维肿胀,横纹消失,严重者肌纤维发生坏死,肌间结缔组织增生。

4. *防治措施*　加强饲养管理,防止猪感染旋毛虫病。禁止用未经处理的碎肉垃圾和残肉汤及有旋毛虫的猪肉以及洗肉的水喂猪。实行舍饲饲养,做好防灭鼠工作,对饲料加强保管,防止鼠类污染。防止猪吃到含有旋毛虫病的动物尸体和粪便及污染物和昆虫。

在猪旋毛虫病常发地区,定期对该病进行流行病学和血清检测,对检出的阳性猪、可疑猪隔离及时治疗。可用如下药物治疗:

(1)磺苯咪唑每千克体重 30 mg,肌肉注射,1 天一次,连用 3 d。

(2)丙硫咪唑每千克体重 20 mg,口服,或每千克饲料加入

0.3 mg，连喂10 d。

(四)猪弓形虫病

弓形虫病是一种人畜共患病，本病病原又名弓形体、弓浆虫、毒浆虫，是一种单细胞寄生原虫，只能在活的有核细胞内生长繁殖。猪暴发本病时，常可引起整个猪群发病，死亡率高达80%以上。

1. 发病原因　弓形虫可通过口、眼、鼻、咽、呼吸道、肠道、皮肤、胎盘侵入感染。病畜和带虫者的肉、内脏、血液、渗出液、排泄物均可能有弓形虫，多种昆虫、蚯蚓可以传播卵囊，吸血昆虫和蜱等有可能传播本病。

2. 临床症状　3～5月龄的仔猪多呈急性发作，症状与猪瘟相似。病猪呼吸困难，呈犬坐姿势，有的转圈，耳、腹部出现紫红色斑块。

3. 病变特点　病猪全身淋巴结肿大，有小点坏死灶。肺高度水肿，膈叶、小叶间质增宽，其内充满半透明胶冻样渗出物。气管、支气管含有泡沫液体，有的并发肺炎。肝切面外翻，表面有灰白色或灰黄色坏死灶。脾肿大，有的萎缩，脾髓如泥状，肾呈黄褐色，表面见到针尖大出血点和坏死灶。

4. 防治措施　猪舍保持清洁，定期消毒，不要养猫、注意灭鼠。对曾发病的猪场，在入夏季时注意观察猪的食欲、体温、粪便，如有异常立即检查。如发现病猪应隔离治疗，治愈的病猪不能作种用，并对猪群定期作血清学检查，有计划地进行淘汰。

在治疗方面，以磺胺类药物的效果为好。

(1)磺胺嘧啶钠每千克体重70 mg、甲氧苄氨嘧啶每千克体重14 mg，12 h一次，连用3～5 d。

(2)复方磺胺嘧啶钠注射液，每千克体重70 mg(首次量加倍)，肌肉注射，每日2次，连用3～5 d。

(3)螺旋霉素、氯林可霉素及磺胺甲氧嘧啶或肾上腺皮质激素合并使用。

(五)猪囊虫病

猪囊虫病又称猪囊尾蚴虫病，俗称“米身子猪”、“豆猪”。是由人的有钩绦虫的幼虫——猪囊尾蚴寄生于猪体内引起的一种寄生虫病。是全国重点防治的人畜共患寄生虫病之一。它不仅给养猪业造成经济损失，而且严重威胁人体健康。

1. 临床症状　本病主要发生于仔猪。患猪消瘦，腹部增大，黄疸，腹部压诊有痛感。

2. 病变特点　股内侧肌、腰肌、臀肌、肩胛外侧肌、咬肌、舌肌、膈肌和心肌等肌肉均苍白而湿润。严重感染时，除寄生于各部分肌肉外，亦可寄生在脑、眼、肝、脾、肺部等，甚至淋巴与脂肪内也可找到囊尾蚴。

3. 防治措施　一是查囊虫猪的来源，在可能有绦虫病人居住的地方开展宣传猪囊虫危害，了解猪囊虫与猪带绦虫的关系，普查绦虫病人；二是在普查的基础上，对病人实施驱虫，驱除的虫体应深埋，养成良好的卫生习惯；三是要求人有厕所猪有圈，彻底消灭“连茅圈”，尤其是疫源区要坚决杜绝猪吃人粪；四是要做好卫生检验工作，执行食品卫生法，杜绝囊虫猪肉上市，发现有囊虫寄生的猪肉严格按国家规定处理。

猪囊虫病治疗用药：

(1)吡喹酮每千克体重 60～120 mg 加适量面粉和水调成丸剂，口服，间隔 7 d 重复给药 1 次，或按每千克体重 70～80 mg，用 70％酒精将之稀释为 20％的混悬液，一次肌肉注射。

(2)丙硫咪唑每千克体重 50～100 mg，分 3～4 次拌入饲料中喂服，或每千克体重 80 mg，一次深层肌肉多点注射。

(六)猪蛔虫病

本病是常见的一种肠道寄生虫病，特别是环境卫生不良的猪场和营养不良的猪群感染率最高。

1. 流行特点　猪蛔虫病的病原体为蛔科的猪蛔虫，感染普遍，分布广泛，严重危害养猪业发展。主要危害 3～6 月龄猪，能使猪发育不良，严重的可引起死亡。感染率达 50%以上。猪蛔虫病为仔猪常见多发的重要疾病之一。

2. 临床症状　成虫大量在肠道寄生时，营养不良，消瘦，被毛粗乱，食欲时好时坏，有异嗜，生长缓慢，结膜苍白。严重时拉稀，体温升高。

3. 病变特点　肠道可见到蛔虫，虫少时不见病变，肠有卡他性炎症，在胆管内也可能发现蛔虫。病程长久的有化脓性胆管炎或胆管破裂，胆囊内胆汁减少，肝脏黄染或变硬。

4. 防治措施　预防性定期驱虫，每年定期进行两次全面驱虫。对 2～6 月龄猪，在断奶后驱虫一次，以后隔 1.5～2 个月再进行 1～2 次预防性驱虫。

保持饮水和饲料清洁，尽量做好猪场各项饲养管理和卫生防疫工作。保持猪舍和运动场清洁，猪舍通风，采光良好，避免阴暗、潮湿和拥挤，定期消毒。每年春末或秋初深翻一次猪圈及运动场、周围的土地，或刮去一层表土，并用石灰消毒。猪粪和垫草清除圈后，要运到距猪舍远的场所堆积发酵或挖坑沤肥。

引入猪只时，应先隔离饲养，进行粪便检查，发现患猪，进行 2 次驱虫后再并群饲养。

驱虫治疗方法：

(1)敌百虫每千克体重 0.1 g 喂服，总量不超过 7 g，或将水溶液均匀混入饲料内让猪采食。

(2)左咪唑每千克体重 6～8 mg，口服，或配成 5%溶液肌肉注射或皮下注射。

(3)驱蛔灵每千克体重 0.3 g，口服。

(4)丙硫咪唑每千克体重 20 mg，口服，或噻咪唑每千克体重

15～20 mg,口服。

(5)伊维菌素每千克体重 0.3 mg,皮下注射。

四、猪常见普通病防治

(一)感冒

感冒是一种由寒冷刺激所引起的以上呼吸道黏膜炎症为主症的急性全身性疾病。临床以体温升高、咳嗽、羞明流泪和流鼻涕为特征,无传染性。一年四季可发,但多发于早春和晚秋气候多变之时,仔猪多发。

1. 发病原因　①突然遭寒潮侵袭,风吹雨打,贼风侵袭。②猪舍防寒差,潮湿阴暗,过于拥挤,营养不佳。③长途运输,体质下降,抵抗力减弱。④天气突变,忽冷忽热,使上呼吸道的防御机能降低。

2. 临床症状　精神沉郁,食欲减退,鼻干燥,结膜潮红,羞明流泪,口色微红,舌苔发白,体温 40℃以上,耳尖、四肢发凉,皮温不均,畏寒战栗,呼吸加快,咳嗽,打喷嚏,重症食欲废绝,眼结膜苍白,卧地不起。

3. 防治措施　加强管理,在早春、晚秋气候易变季节注意猪的防寒、阴雨、潮湿。发现病猪及早治疗。

(1)解热镇痛,30%安乃近注射液 5 mL,或安痛定注射液 5～10 mL,或柴胡注射液 5 mL。每日 2～3 次(体重 50 kg 用药量)。

(2)防止继发感染,用青霉素每千克体重 1 万国际单位或新诺明 2～10 mL,肌肉注射,或口服土霉素 2 g,12 h 一次。

(3)止咳,用氯化铵 0.3～1 g 或咳必清 0.2 g,口服。

(4)在耳尖、尾尖、拱嘴、四蹄用小宽针放血。

(二)猪产褥热

母猪分娩时或产后,生殖器官发生剧烈变化,排出或助产手术取出胎儿时，可能在子宫及软产道上造成许多浅表（有时较深重）的损伤，或恶露排出迟滞引起感染而发生，又称产后败血病。

1. 发病原因　产圈不清洁，助产或手术消毒不严或损伤产道黏膜，致产道感染细菌，产后外阴部松弛，外翻的黏膜和泥水、垫草接触，胎衣不下，阴道及子宫脱出等，均能引起致病作用。

2. 临床症状　产后2～3 d内发病，体温升高，呼吸迫促，心跳加快。精神沉郁，躺卧不愿起，耳及四肢寒冷，起卧困难。行走强拘，四肢关节肿胀、发热、疼痛，先便秘后下痢，阴道黏膜肿胀、污褐色，触之剧痛。阴道常流褐色恶臭液体和组织碎片，泌乳减少或停止。

3. 防治措施　产前做好产房清洁消毒工作，垫上清洁干草，圈舍注意温度，避免破漏通风。分娩时助产及手术者必须严格消毒后方可工作。准备常用消毒、消炎药品，如碘酒、2%来苏儿、0.1%新洁尔灭、抗生素药等，随时应用。助产或手术时保证无菌、阴道无创伤，以免发生感染。对已经发病猪采取治疗措施。

（1）为排净子宫残留内容物，在母猪产出最后1头仔猪后36～48 h，肌肉注射前列腺素2 mg，能避免发生产褥热。

（2）如产道已有创伤或炎症严重，可用碘片1 g、碘化钾2 g、蒸馏水200 mL冲洗阴道。子宫内给药，用3%双氧水或0.1%雷夫奴尔溶液冲洗子宫，药液排净后用灭菌生理盐水冲洗子宫残留液体，青霉素300万国际单位、链霉素200万国际单位、灭菌生理盐水30 mL一次输入子宫。

（3）如高热不退，肌肉注射30%安乃近5～10 mL、青霉素160万～320万国际单位，链霉素100万国际单位，12 h肌肉注射一次。地塞米松2～6 mL皮下注射。

（三）异食癖

异食癖又叫异嗜癖，是以消化紊乱、味觉异常为特点的许多代谢病的一种症状。其特征是食欲反常，专嗜舐食或咀嚼平时不吃的各种异物。本病多见于怀孕前期或产后初期母猪，其他猪也可发生。

1. 发病原因　异食癖发生的原因复杂，有的目前尚未完全清楚。认为有以下几种因素：①无机盐不足或缺乏，如钠、磷、钙、钴、铜、铁、硫、硒等缺乏。②某些维生素不足或缺乏，特别是 B 族维生素缺乏。③某些蛋白质和氨基酸缺乏。④胃肠疾病、某些寄生虫病。

2. 临床症状　表现食平时不吃的异物，如粪尿污染过的垫草、泥土、骨块、粪便（特别是鸡粪）以及舔墙壁等。有的母猪产后吃胎衣或仔猪，有的品种猪互相啃咬耳朵或尾巴。

3. 防治措施　在查明病因的基础上，有的放矢地改善饲养管理，给予全价饲料，补充维生素、微量元素，保证钙磷比例，定期驱虫。发现病猪立即隔离，防止其他猪只模仿。

（四）应激综合征

应激综合征是机体受到各种不良因素（应激原）的刺激而产生的一系列逆反应的疾病。以良种猪、瘦肉型、长速快的猪多发生，而当地土种猪发生少。由不良应激引起发生的疾病很多，如猪桑葚心猪、应激性肌病、心性急死病、恶性高温综合征、胃溃疡、大肠杆菌病、咬尾咬耳症、母猪无乳症、皮炎、肾病、断奶后系统衰竭等。

1. 发病原因　与遗传因素、硒缺乏症、内分泌失调、蛋白质缺乏有关。与环境应激有关，如惊吓、捕捉、保定、运输、驱赶、过冷过热、拥挤、混群、噪声、电刺激、感应、空气污染、环境突变、防疫、公猪配种、母猪分娩等。过劳、仔猪断奶也是促进发病因素。夏秋温度过高也可能提高应激性疾病的发生率。

2. 临床症状

猪心性急死：3～5 月龄猪最为常见。突然死亡，有的病例可见到病猪疲惫无力，运动僵硬，皮肤发红，有的数分钟死亡。

猪应激性肌变：轻者生前无症状，严重病例体温升高，背部单侧或双侧肿胀，肿胀部位无疼痛反应。肌肉僵硬，震颤，卧地，呈犬坐或跛行。皮肤红一阵白一阵。

3. 病变特点

猪心性急死：可见心肌有白色条纹或斑块病灶，心肌变性，心包积液。脊椎棘突,上下的纵行肌肉及外臂部和腰部肌肉呈灰白色或白色,有时一端病变一端正常,间质轻度水肿。肺水肿,有的胸腔积液。

猪应激性肌变:可见后肢半腿肌、半膜肌、腰大肌、背最长肌肉苍白,质地疏松和有液体渗出。病猪死后立即发生尸僵,肌肉温度偏高。反复发作而死亡的见背部、腿部肌肉干硬而色深。重者肌肉呈水煮样色白,松软弹性差,纹理粗糙,严重的肉如烂肉样,手指易插入,切开后有液体渗出。

4. 防治措施　选择抗应激性强的猪种;有应激敏感病史或对外界刺激敏感的猪群,不宜留用。减少和避免各种外界干扰和不良刺激,保持平稳的饲养管理,混群要多加注意,避免拥挤、咬架等。在运输时注意防寒防暑、防压、过劳。

对病猪应单独饲养,对重症者肌肉注射或口服氯丙嗪每千克体重1～3 mg或催眠灵每千克体重50 mg,静脉注射5%碳酸氢钠40～120 mL;为防止过敏性休克和变态反应性炎症可静脉注射氢化可的松或地塞米松磷酸钠等皮质激素适量。

在猪转群前9 d和2 d用亚硒酸钠维生素E合剂每千克体重0.13 mg。

(五)产后瘫痪

本病是母猪在产仔前或产仔后突发的一种四肢麻痹、行走困难、重者导致站立不起的一种病症。产前偶有发生,多在分娩后数小时即发生,但以产后2～5 d多发。

1. 发病原因　怀孕母猪日粮中钙、磷、维生素D的需要不足或失调。怀孕母猪随着胎儿的生长,胎儿的增多压迫腹腔器官,影响胃肠活动和消化、吸收功能。经产母猪,尤其是年老母猪,产仔比较多(10头以上),骨盐降解速度快则易发生本病,另还有每次妊娠、分娩、哺乳缺钙的积累而发病。母猪产前、产后运动不足,光照少,圈舍小,长期睡卧,易发生本病。

2. 临床症状　多在产后数小时发病，但产后 2～5 d 都是此病的多发期。轻症者勉强站立，走路摇晃，有时以嘴拱地；重者卧地昏睡，强行站立，只能靠前肢爬行，后肢拖地，骨骼及关节变形，针刺局部肌肉反应迟钝或无反应。

3. 防治措施　妊娠母猪日粮应考虑钙磷和维生素 D 的比例，保证运动充足和充分的光照，圈舍保持通风和干燥。发病母猪使用如下药物缓解症状：

(1)10％葡萄糖酸钙 50～150 mL，静脉注射，药液不能漏入皮下，最多不超过 3 次，或维丁胶性钙 2～4 mL、维生素 B_1 8 mL，维生素 B_{12} 5 mL 混合，每日 2 次，连用 10 d。

(2)强心补液：5％葡萄糖氯化钠 500～1 000 mL、20％安钠咖 5～10 mL、维生素 C 5 mL，混合稍加热，一次静脉注射。

(3)发生便秘，用硫酸镁(或硫酸钠)20～40 g，液体石蜡 50～100 mL，鱼石脂 5～10 g，加水 300～1 000 mL，灌服。

(4)为了补充哺乳仔猪期间母猪对钙的需要，每天用乳酸钙 3～5 g、鱼肝油丸 5～10 丸，每天一次，连服 10 d，为补磷，每天喂麦麸 1～2 kg。

本章重点提示

目前猪病的发生非常频繁，病情也越来越复杂。本章虽然针对不同的病提出一些预防和治疗建议，但使用疫苗和药物对动物都有一定的副作用，不是用得越多越好，生产中切忌过分迷信和依赖疫苗和抗生素。要想从根本上控制猪病的发生与传播，还是从日常饲养管理入手，加强猪场的卫生管理，改善猪场的养殖环境，以提高猪群的抵抗力。

附　录

附录一　无公害食品 生猪饲养管理准则
（NY/T 5033—2001）

1　范围

本标准规定了无公害生猪生产过程中引种、环境、饲养、消毒、免疫、废弃物处理等涉及生猪饲养管理的各环节应遵循的准则。

本标准适用于生产无公害生猪猪场的饲养与管理。也可供其他养猪场参照执行。

2　规范性引用文件

下列文件中的条款通过本标准的引用而成为本标准的条款。凡是注日期的引用文件，其随后所有修改单（不包括勘误的内容）或修订版均不适用于本标准，然而，鼓励根据本标准达成协议的各方研究是否可使用这些文件的最新版本。凡是不注日期的引用文件，其最新版本用于标准。

GB 8471 猪的饲养标准

GB 16548 畜禽病害肉尸及其产品无害处理规程

GB 16549 畜禽产地检疫规范

GB 16567 种畜禽调运检疫技术规范

NY/T 388 畜禽场环境质量标准

NY 5027 无公害食品 畜禽饮用水水质

NY 5030 无公害食品 生猪饲养兽药使用准则

NY 5031 无公害食品 生猪饲养兽医防疫准则

NY 5032 无公害食品 生猪饲养饲料使用准则

3 术语和定义

下列术语和定义适用于本标准。

3.1 净道 non-pollution road

猪群周转、饲养员行走、场内运送饲料的专用道路。

3.2 污道 pollution road

粪便等废弃物、外销猪出场的道路。

3.3 猪场废弃物 pig farm waste

主要包括猪粪、尿、污水、病死猪、过期兽药、残余疫苗和疫苗瓶。

3.4 全进全出制 all-in all-out system

同一猪舍单元只饲养同一批次的猪，同批进、出的管理制度。

4 猪场环境与工艺

4.1 猪舍应建在地势高燥、排水良好、易于组织防疫的地方，场址用地应符合当地土地利用规划的要求。猪场周围 3 km 无大型化工厂、矿厂、皮革、肉品加工、屠宰场或其他畜牧污染源。

4.2 猪场距离干线公路、铁路、城填、居民区和公共场所 1 km 以上，猪场周围有围墙或防疫沟，并建立绿化隔离带。

4.3 猪场生产区布置在管理区的上风向或侧风向处，污水粪便处理设施和病死猪处理区应在生产区的下风向或侧风向处。

4.4 场区净道和污道分开，互不交叉。

4.5 推荐实行小单元式饲养，实施“全进全出制”饲养工艺。

4.6 猪舍应能保温隔热，地面和墙壁应便于清洗，并能耐酸、碱等消毒药液清洗消毒。

4.7 猪舍内温度、湿度环境应满足不同生理阶段猪的需求。

4.8 猪舍内通风良好，空气中有毒有害气体含量应符合

NY/T 388 要求。

4.9 饲养区内不得饲养其他畜禽动物。

4.10 猪场应设有废弃物储存设施，防止渗漏、溢流、恶臭对周围环境造成污染。

5 引种

5.1 需要引进种猪时，应从具有种猪经营许可的种猪场引进，并按照 GB 16567 进行检疫。

5.2 只进行育肥的生产场，引进仔猪时，应首先从达到无公害标准的猪场引进。

5.3 引进的种猪，隔离观察 15～30 d，经兽医检查确定为健康合格后，方可供繁殖使用。

5.4 不得从疫区引进种猪。

6 饲养条件

6.1 饲料和饲料添加剂

6.1.1 饲料原料和添加剂应符合 NY 5032 的要求。

6.1.2 在猪的不同生长时期和生理阶段，根据营养需求，配制不同的配合饲料。营养水平不低于 GB 8471 要求，不应给肥育猪使用高铜、高锌日粮，建议参考使用饲养品种的饲养手册标准。

6.1.3 禁止在饲料中额外添加 β-兴奋剂、镇静剂、激素类、砷制剂。

6.1.4 使用含有抗生素的添加剂时，在商品猪出栏前，按有关准则执行休药期。

6.1.5 不使用变质、霉败、生虫或被污染的饲料。不应使用未经无害处理的泔水、其他畜禽副产品。

6.2 饮水

6.2.1 经常保持有充足的饮水，水质符合 NY 5027 的要求。

6.2.2　经常清洗消毒饮水设备，避免细菌滋生。

6.3　免疫

6.3.1　猪群的免疫符合 NY 5031 的要求。

6.3.2　免疫用具在免疫前后彻底消毒。

6.3.3　剩余或废弃的疫苗以及使用过的疫苗瓶要做无害处理，不得乱扔。

6.4　兽药使用

6.4.1　保持良好的饲养管理，尽量减少疾病的发生，减少药物的使用量。

6.4.2　仔猪、生长猪必须治疗时，药物的使用要符合 NY 5030 要求。

6.4.3　肥育后期的商品猪，尽量不使用药物，必须治疗时，根据所用药物执行停药期，达不到停药期的不能作为无公害猪上市。

6.4.4　发生疾病的种公猪、种母猪必须用药治疗时，在治疗期或达不到停药期的不能作为食用淘汰猪出售。

7　卫生消毒

7.1　消毒剂

消毒剂要选择对人和猪安全、没有残留毒性、对设备没有破坏、不会在猪体内产生有害积累的消毒剂。选用的消毒剂应符合 NY 5030 的规定。

7.2　消毒方法

7.2.1　喷雾消毒

用一定浓度的次氯酸盐、有机碘混合物、过氧乙酸、新洁尔灭等，用喷雾装置进行喷雾消毒，主要用于猪舍清洗完毕后的喷洒消毒，带猪消毒，猪场道路和周围、进入场区车辆的消毒。

7.2.2　浸液消毒

用一定浓度的新洁尔灭、有机碘混合物或煤酚的水溶液，进行洗手、洗工作服或胶靴。

7.2.3 熏蒸消毒

每立方米用福尔马林(40%甲醛溶液)42 mL、高锰酸钾 21 g,21℃以上温度、70%以上相对湿度,封闭熏蒸24 h。甲醛熏蒸猪舍应在进猪前进行。

7.2.4 紫外线消毒

在猪场入口、更衣室用紫外线灯照射,可以起到杀菌效果。

7.2.5 喷撒消毒

在猪舍周围、入口、产床和培育床下面撒生石灰或火碱可以杀死大量细菌或病毒。

7.2.6 火焰消毒

用酒精、汽油、柴油、液化气喷灯,在猪栏、猪床猪只经常接触的地方,用火焰依次瞬间喷射,对产房、培育舍使用效果更好。

7.3 消毒制度

7.3.1 环境消毒

猪舍周围环境每 2～3 周用 2%火碱消毒或撒生石灰一次;场周围及场内污水池、排粪坑、下水道出口,每月用漂白粉消毒一次。在大门口、猪舍入口设消毒池,注意定期更换消毒液。

7.3.2 人员消毒

工作人员进入生产区净道和猪舍要经过洗澡、更衣、紫外线消毒。

严格控制外来人员,必须进生产区时,要洗澡、更换场区工作服和工作鞋,并遵守场内防疫制度,按指定路线行走。

7.3.3 猪舍消毒

每批猪只调出后,要彻底清扫干净,用高压水枪冲洗,然后进行喷雾消毒或熏蒸消毒。

7.3.4 用具消毒

定期对保温箱、补料槽、饲料车、料箱、针管等进行消毒,可用

0.1%新洁尔灭或0.2%～0.5%过氧乙酸消毒，然后在密闭的室内进行熏蒸。

7.3.5 带猪消毒

定期进行带猪消毒，有利于减少环境中的病原微生物。可用于带猪消毒的消毒药有0.1%新洁尔灭、0.3%过氧乙酸、0.1%次氯酸钠。

8 饲养管理

8.1 人员

8.1.1 饲养员应定期进行健康检查，传染病患者不得从事养猪工作。

8.1.2 场内兽医人员不准对外诊疗猪及其他动物的疾病，猪场配种人员不准对外开展猪的配种工作。

8.2 饲喂

8.2.1 饲料每次添加量要适当，少喂勤添，防止饲料污染腐败。

8.2.2 根据饲养工艺进行转群时，按体重大小强弱分群，分别进行饲养，饲养密度要适宜，保证猪只有充足的躺卧空间。

8.2.3 每天打扫猪舍卫生，保持料槽、水槽用具干净，地面清洁。经常检查饮水设备，观察猪群健康状态。

8.3 灭鼠、驱虫

8.3.1 定期投放灭鼠药，及时收集死鼠和残余鼠药，并做无害化处理。

8.3.2 选择高效、安全的抗寄生虫药进行寄生虫控制，控制程序符合 NY 5031 的要求。

9 运输

9.1 商品猪上市前，应经兽医卫生检疫部门根据 GB 16549 检疫，并出具检疫证明，合格者方可上市屠宰。

9.2 运输车辆在运输前和使用后要用消毒液彻底消毒。

9.3 运输途中，不应在疫区、城镇和集市停留、饮水和饲喂。

10 病、死猪处理

10.1 需要淘汰、处死的可疑病猪，应采取不会把血液和浸出物散播的方法进行捕杀，传染病猪尸体应按 GB 16548 进行处理。

10.2 猪场不得出售病猪、死猪。

10.3 有治疗价值的病猪应隔离饲养，由兽医进行诊治。

11 废弃物处理

11.1 猪场废弃物处理实行减量化、无害化、资源化原则。

11.2 粪便经堆积发酵后应作农业用肥。

11.3 猪场污水应经发酵、沉淀后才能作为液体肥使用。

12 资料记录

12.1 认真做好日常生产记录，记录的内容包括引种、配种、产仔、哺乳、断奶、转群、饲料消耗等。

12.2 种猪要有来源、特征、主要生产性能记录。

12.3 做好饲料来源、配方及各种添加剂使用情况的记录。

12.4 兽医人员应做好免疫、用药、发病和治疗情况记录。

12.5 每批出场的猪应有出场猪号、销售地记录，以备查询。

12.6 资料应尽可能长期保存，最少保留 2 年。

附录二 无公害食品 生猪饲养饲料使用准则 (NY 5032—2001)

范围

本标准规定了生产无公害生猪所需饲料原料、饲料添加剂、添加剂预混合饲料、浓缩饲料、配合饲料和饲料加工过程的要求、试验方法、检验规则、判定规则、标签、包装、贮藏、运输的规范。

本标准适用于生产无公害生猪所需的商品配合饲料、浓缩饲料、添加剂预混合饲料和生产无公害生猪的养殖场自配饲料。

2 规范性引用文件

下列文件中的条款通过本标准的引用而成为本标准的条款。凡是注日期的引用文件，其随后所有的修改单（不包括勘误的内容）或修订版均不适用于本标准，然而，鼓励根据本标准达成协议的各方研究是否可使用这些文件的最新版本。凡是不注日期的引用文件，其最新版本适用于本标准。

GB/T 6432 饲料中粗蛋白测定方法

GB/T 6436 饲料中钙的测定方法

GB/T 6437 饲料中总磷的测定方法　光度法

GB/T 8381 饲料中黄曲霉素 B_1 的测定

GB/T 10647 饲料工业通用术语

GB 10648 饲料标签

GB 13078 饲料卫生标准

GB/T 13079 饲料中总砷的测定

GB/T 13080 饲料中铅的测定方法

GB/T 13081 饲料中汞的测定方法

GB/T 13082 饲料中镉的测定方法

GB/T 13083 饲料中氟的测定方法

GB/T 13084 饲料中氰化物的测定方法

GB/T 13085 饲料中亚硝酸盐的测定方法

GB/T 13086 饲料中游离棉酚的测定方法

GB/T 13087 饲料中异硫氰酸酯的测定方法

GB/T 13090 饲料中六六六、滴滴涕的测定

GB/T 13091 饲料中沙门氏菌的检验方法

GB/T 13092 饲料中霉菌的检验方法

GB/T 13093 饲料中细菌总数的测定方法

GB/T 13885 饲料中铁、铜、锰、锌、镁的测定方法 原子吸收光谱法

GB/T 14699.1 饲料采样方法

GB/T 16764 配合饲料企业卫生规范

NY 438 饲料中盐酸克伦特罗的测定

饲料和饲料添加剂管理条例

3 术语和定义

GB/T 10647 中确立的以及下列术语和定义适用于本标准。

3.1 饲料 feed

经工业化加工、制作的供动物食用的饲料,包括单一饲料、添加剂预混合饲料、浓缩饲料、配合饲料和精料补充料。(《饲料和饲料添加剂管理条例》第二条)

3.2 饲料添加剂 feedadditive

在饲料加工、制作、使用过程中添加的少量或者微量物质,包括营养性添加剂和一般性饲料添加剂。(《饲料和饲料添加剂管理条例》第二条)

3.3 营养性饲料添加剂 nutritive feedadditive

用于补充饲料营养成分的少量或者微量物质,包括饲料级氨基酸、维生素、矿物质微量元素、酶制剂、非蛋白氮等。(《饲料和饲料添加剂管理条例》第三十条)

3.4 一般性饲料添加剂 general feedadditive

为保证或者改善饲料品质、提高饲料利用率而掺入饲料中的少量或者微量物质。(《饲料和饲料添加剂管理条例》第三十条)

3.5　药物饲料添加剂 medical feedadditive

为预防、治疗动物疾病而掺入载体或者稀释剂的兽药的预混物，包括抗球虫药类、驱虫剂类、抑菌促生长类等。(《饲料和饲料添加剂管理条例》第三十条)

3.6　饲料原料 feedstuff

除饲料添加剂以外的用于生产配合饲料和浓缩饲料的单一饲料成分，包括饲料谷物、粮食加工副产品、油脂工业副产品、发酵工业副产品、动物性蛋白质饲料、饲用油脂等。

4　要求

4.1　饲料原料

4.1.1　感官要求：色泽新鲜一致，无发酵、霉变、结块及异味、异嗅。

4.1.2　有害物质及微生物允许量应符合 GB 13078 的规定。

4.1.3　制药工业副产品不应作生猪饲料原料。

4.2　营养性饲料添加剂和一般性饲料添加剂

4.2.1　感官要求：具有该品种应有的色、嗅、味和组织形态特征，无异味、异嗅。

4.2.2　饲料中使用的营养性饲料添加剂和一般性饲料添加剂应是中华人民共和国农业部公布的《允许使用的饲料添加剂品种目录》所规定的品种(附录 A)和取得试生产产品批准文号的新饲料添加剂品种。

4.2.3　饲料中使用的饲料添加剂产品应是具有农业部颁发的饲料添加剂生产许可证的正规企业生产的、具有产品批准文号的产品。

4.2.4　饲料添加剂的使用应遵照饲料标签所规定的用法和用量。

4.3　药物饲料添加剂

4.3.1　药物饲料添加剂的使用应按照中华人民共和国农业部发

布的《药物饲料添加剂使用规范》执行。允许在无公害生猪饲料中使用的药物饲料添加剂见附录B。

4.3.2 无公害生猪饲料中不应添加氨苯砷酸、洛克沙胂等砷制剂类药物饲料添加剂。

4.3.3 使用药物饲料添加剂应严格执行休药期制度。

4.3.4 生猪饲料中不应直接添加兽药。

4.3.5 生猪饲料中不应添加国家严禁使用的盐酸克伦特罗等违禁药物。

4.4 配合饲料、浓缩饲料和添加剂预混合饲料

4.4.1 感官要求:色泽一致,无发酵霉变、结块及异味、异嗅。

4.4.2 产品成分分析保证值应符合标签中所规定的含量。

4.4.3 生猪配合饲料中有害物质及微生物允许量应符合GB 13078的规定。

4.4.4 30 kg体重以下猪的配合饲料中铜的含量应不高于250 mg/kg;30～60 kg体重猪的配合饲料中铜的含量应不高于150 mg/kg;60 kg体重以上猪的配合饲料中铜的含量应不高于25 mg/kg。

4.4.5 浓缩饲料有害物质及微生物允许量和铜的含量按说明书的规定用量,折算成配合饲料中的含量计,不应超过本标准4.4.2和4.4.3中的规定。

4.4.6 添加剂预混合饲料中有害物质及微生物允许量见表1。

表1 添加剂预混合饲料中有害物质及微生物允许量

(按日粮中添加比例1%计算) mg/kg

项 目	砷(以As计)	重金属(以Pb计)	沙门氏菌
仔猪、生长肥育猪微量元素预混合饲料	≤10	≤30	不得检出
仔猪、生长肥育猪复合预混合饲料	≤10	≤30	不得检出

4.5 饲料加工过程

4.5.1 饲料企业的工厂设计与设施卫生、工厂卫生管理和生产过

程的卫生应符合 GB/T 16764 的要求。

4.5.2　配料

4.5.2.1　应定期对计量设备进行检验和正常维护，以确保其精确性和稳定性，其误差不应大于规定范围。

4.5.2.2　微量和极微量组分应进行预稀释，并且应在专门的配料室内进行。

4.5.2.3　配料室应有专人管理，保持卫生整洁。

4.5.3　混合

4.5.3.1　混合时间按设备性能应不少于规定时间。

4.5.3.2　混合工序投料应按先大量、后小量的原则进行。投入的微量组分应将其稀释到配料称最大称量的 5%以上。

4.5.3.3　生产含有药物饲料添加剂的饲料时，应根据药物类型，先生产药物含量低的饲料，再依次生产药物含量高的饲料。

4.5.3.4　同一班次应先生产不添加药物饲料添加剂的饲料，然后生产添加药物饲料添加剂的饲料。为防止加入药物饲料添加剂的饲料产品在生产过程中的交叉污染，在生产不同加入药物添加剂的饲料产品时，对所用的生产设备、工具、容器应进行彻底清理。

4.5.4　留样

4.5.4.1　新接收的饲料原料和各个批次生产的饲料产品均应保留样品。样品密封后留置专用样品室或样品柜内保存。样品室和样品柜应保持阴凉、干燥。采样方法按 GB/T 14699 执行。

4.5.4.2　留样应设标签，载明饲料品种、生产日期、批次、生产负责人和采样人等事项，并建立档案由专人负责保管。

4.5.4.3　样品应保留至该批产品保质期满后 3 个月。

5　检测方法

5.1　饲料采样方法：按 GB/T 14699 执行。

5.2　盐酸克伦特罗：按 NY 438 执行。

5.3 粗蛋白质:按 GB/T 6432 执行。

5.4 钙:按 GB/T 6436 执行。

5.5 总磷:按 GB/T 6437 执行。

5.6 黄曲霉素 B_1:按 GB/T 8381 执行。

5.7 总砷:按 GB/T 13079 执行。

5.8 铅:按 GB/T 13080 执行。

5.9 汞:按 GB/T 13081 执行。

5.10 镉:按 GB/T 13082 执行。

5.11 氟:按 GB/T 13083 执行。

5.12 氰化物:按 GB/T 13084 执行。

5.13 亚硝酸盐:按 GB/T 13085 执行。

5.14 游离棉酚:按 GB/T 13086 执行。

5.15 异硫氰酸酯:按 GB/T 13087 执行。

5.16 六六六、滴滴涕:按 GB/T 13090 执行。

5.17 沙门氏菌:按 GB/T 13091 执行。

5.18 霉菌:按 GB/T 13092 执行。

5.19 细菌总数:按 GB/T 13093 执行。

5.20 铜:按 GB/T 13885 执行。

6 检验规则

6.1 感官要求,粗蛋白质、钙和总磷含量为出厂检验项目,其余均为型式检验项目。

6.2 在保证产品质量的前提下,生产厂可根据工艺、设备、配方、原料等的变化情况,自行确定出厂检验的批量。

6.3 试验测定值的双试验相对偏差,按相应标准的规定执行。

6.4 检测与仲裁判定各项指标合格与否时,应考虑允许误差。

7　判定规则

卫生指标、限用药物和违禁药物等为判定合格指标。如检验中有一项指标不符合标准，应重新取样进行复验，复验结果中有一项不合格即判定为不合格。

8　标签、包装、贮存和运输

8.1　标签

商品饲料应在包装物上附有饲料标签，标签应符合 GB 10648 中的有关规定。

8.2　包装

8.2.1　饲料包装应完整，无漏洞，无污染和异味。

8.2.2　包装材料应符合 GB/T 16764 的要求。

8.2.3　包装印刷油墨应无毒，不应向内容物渗漏。

8.2.4　包装物的重复使用应遵守《饲料和饲料添加剂管理条例》的有关规定。

8.3　贮存

8.3.1　饲料的贮存应符合 GB/T 16764 的要求。

8.3.2　不合格和变质饲料应做无害化处理，不应存放在饲料贮存场所内。

8.3.3　饲料贮存场地不应使用化学灭鼠药和杀鸟剂。

8.4　运输

8.4.1　运输工具应符合 GB/T 16764 的要求。

8.4.2　运输作业应防止污染，保持包装的完整性。

8.4.3　不应使用运输畜禽等动物的车辆运输饲料产品。

8.4.4　饲料运输工具和装卸场地应定期清洗和消毒。

附录 A　允许使用的饲料添加剂品种目录(规范性附录)

类别	饲料添加剂名称
饲料级氨基酸	*L*-赖氨酸盐酸盐,*DL*-蛋氨酸,*DL*-羟基蛋氨酸,*DL*-羟基蛋氨酸钙,*N*-羟甲基蛋氨酸,*L*-色氨酸,*L*-苏氨酸
饲料级维生素	β-胡萝卜素,维生素 A,维生素 A 乙酸酯,维生素 A 棕榈酸酯,维生素 D_3,维生素 E,维生素 E 乙酸酯,维生素 K_3(亚硫酸氢钠甲萘醌),二甲基嘧啶醇亚硫酸甲萘醌,维生素 B_1(盐酸硫胺),维生素 B_1(硝酸硫胺),维生素 B_2(核黄素),维生素 B_6,烟酸,烟酰胺,*D*-泛酸钙,*DL*-泛酸钙,叶酸,维生素 B_{12}(氰钴胺),维生素 C(*L*-抗坏血酸),*L*-抗坏血酸钙,*L*-抗坏血酸-2-磷酸酯,*D*-生物素,氯化胆碱,*L*-肉碱盐酸盐,肌醇
饲料级矿物质、微量元素	硫酸钠,氯化钠,磷酸二氢钠,磷酸氢二钾,碳酸钙,氯化钙,磷酸氢钙,磷酸二氢钙,磷酸三钙,乳酸钙,七水硫酸镁,一水硫酸镁,氧化镁,氯化镁,七水硫酸亚铁,一水硫酸亚铁,三水乳酸亚铁,六水柠檬酸亚铁,富马酸亚铁,甘氨酸铁,蛋氨酸铁,五水硫酸铜,一水硫酸铜,蛋氨酸铜,七水硫酸锌,一水硫酸锌,无水硫酸锌,氧化锌,蛋氨酸锌,一水硫酸锰,氯化锰,碘化钾,碘酸钾,碘酸钙,六水氯化钴,一水氯化钴,亚硒酸钠,酵母铜,酵母铁,酵母锰,酵母硒,吡啶铬,烟酸铬,酵母铬
饲料级酶制剂	蛋白酶(黑曲霉、枯草芽孢杆菌),淀粉酶(地衣芽孢杆菌、黑曲霉),支链淀粉酶(嗜酸乳杆菌),果胶酶(黑曲霉),脂肪酶,纤维素酶(reesei 木霉),麦芽糖酶(枯草芽孢杆菌),木聚糖酶(insolens 腐质霉),β-聚葡糖酶(枯草芽孢杆菌,黑曲霉),甘露聚糖酶(缓慢芽孢杆菌),植酸酶(黑曲霉,米曲霉),葡萄糖氧化酶(青霉)

续表附录 A

类别	饲料添加剂名称
饲料级微生物添加剂	干酪乳杆菌，植物乳杆菌，粪链球菌，乳酸片球菌，枯草芽孢杆菌，纳豆芽孢杆菌，嗜酸乳杆菌，乳链球菌，啤酒酵母菌，产朊假丝酵母，沼泽红假单胞菌
抗氧剂	乙氧基喹啉，二丁基羟基甲苯（BHT），丁基羟基茴香醚（BHA），没食子酸丙酯
防腐剂、电解质平衡剂	甲酸，甲酸钙，甲酸铵，乙酸，双乙酸钠，丙酸，丙酸钙，丙酸钠，丙酸铵，丁酸，乳酸，苯甲酸，苯甲酸钠，山梨酸，山梨酸钠，山梨酸钾，富马酸，柠檬酸，酒石酸，苹果酸，磷酸，氢氧化钠，碳酸氢钠，氯化钾，氢氧化铵
着色剂	β-阿朴-8-胡萝卜素醛，辣椒红，β-阿朴-8-胡萝卜素酸乙酯，虾青素，β,β-胡萝卜素-4，4-二酮（斑蝥黄），叶黄素（万寿菊花提取物）
调味剂、香料	糖精钠，谷氨酸钠，5-肌苷酸二钠，5-鸟苷酸二钠，血根碱，食品用香料均可作饲料添加剂
黏结剂、抗结剂和稳定剂	α-淀粉，海藻酸钠，羧甲基纤维素钠，丙二醇，二氧化硅，硅酸钙，三氧化二铝，蔗糖脂肪酸酯，山梨醇酐脂肪酸酯，甘油脂肪酸酯，硬脂酸钙，聚氧乙烯 20 山梨醇酐单油酸酯，聚丙烯酸树脂Ⅱ
其他	糖萜素，甘露低聚糖，肠膜蛋白素，果寡糖，乙酰氧肟酸，天然类固醇萨洒皂角苷（YUCCA），大蒜素，甜菜碱，聚乙烯聚吡咯烷酮（PVPP），葡萄糖山梨醇

附录B 允许在无公害生猪饲料中使用的药物饲料添加剂

（规范性附录）

名　称	含量规格	用法与用量 （1 000 kg 饲料中添加量）	休药期 （d）	商品名
杆菌肽锌预混剂	10%或15%	4～40 g(4月龄以下)，以有效成分计	0	
黄霉素预混剂	10%或15%	仔猪10～25 g，生长、肥育猪5 g，以有效成分计	0	富乐旺
维吉尼亚霉素预混剂	10%或15%	4～40 g(4月龄以下)，以有效成分计	0	
杆菌肽锌预混剂	50%	20～50 g	1	速大肥
喹乙醇预混剂	5%	1 000～2 000 g，禁用于体重超过35 kg的猪	35	
阿美拉霉素预混剂	10%	4月龄以内200～400 g，4～6月龄100～200 g	0	效美素
盐霉素钠预混剂	15%，6%，10%，12%，45%，50%	25～75 g，以有效成分计	5	优素精 赛可喜
硫酸黏杆菌素预混剂	2%，4%，10%	仔猪2～20 g，以有效成分计	7	抗敌素
牛至油预混剂	2.5%	用于预防疾病500～700 g，用于治疗疾病1 000～1 300 g，连用7 d，用于促生长50～500 g	0	
杆菌肽锌预混剂	杆菌肽锌5%，硫酸黏杆菌素1%	用于预防疾病500～700 g，用于治疗疾病1 000～1 300 g，连用7 d，用于促生长50～500 g		诺必达

续表附录 B

名　称	含量规格	用法与用量 (1 000 kg 饲料中添加量)	休药期 (d)	商品名
杆菌肽锌、硫酸黏杆菌素预混剂	10%或 15%	2 月龄以下 2～40 g，4 月龄以下 2～20 g，以有效成分计	7	万能肥素
土霉素钙	5%，10%，20%	10～50 g(4 月龄以内)，以有效成分计		
吉他霉素预混剂	2.2%，11%，55%，95%	促生长，5～55 g；防治疾病，80～330 g，连用 5～7 d，以有效成分计	7	
金霉素预混剂	10%，15%	25～75 g(4 月龄以内)，以有效成分计	7	
恩拉霉素预混剂	4%，8%	2.5～20 g，以有效成分计	7	

注：表中所列的商品名是由相应产品供应商提供的产品商品名。给出这一信息是为了方便本标准的使用者，并不表示对该产品的认可。如果其他等效产品具有相同的效果，则可使用这些等效产品。

摘自中华人民共和国农业部农牧发[2001]20 号“关于发布《药物饲料添加剂使用规范》的通知”中《药物饲料添加剂使用规范》。

附录三　无公害食品 生猪饲养兽药使用准则 (NY 5030—2001)

1　范围

本标准规定了在生产无公害食品的生猪饲养过程中允许使用的兽药种类及其使用准则。

本标准适用于无公害食品的生猪饲养过程的生产、管理和认证。

2 规范性引用文刊

下列文件中的条款通过本标准的引用而成为本标准的条款。凡是注日期的引用文件，其随后所有的修改单(不包括勘误的内容)或修订版均不适用于本标准，然而，鼓励根据本标准达成协议的各方研究是否可使用这些文件的最新版本。凡是不注日期的引用文件，其最新版本适用于本标准。

NY/T 388 畜禽场环境质量标准

NY 5027—2001 无公害食品 畜禽饮用水水质

NY 5031—2001 无公害食品 生猪饲养兽医防疫准则

NY 5032—2001 无公害食品 生猪饲养饲料使用准则

NY/T 5033—2001 无公害食品 生猪饲养管理准则

中华人民共和国兽药典

中华人民共和国兽药规范

中华人民共和国兽用生物制品质量标准

兽药管理条例

中华人民共和国动物防疫法

进口兽药质量标准

兽药质量标准(第一册)

兽药质量标准(第二册)

饲料药物添加剂使用规范

3 术语和定义

下列术语和定义适用于本标准。

3.1 生猪 swine

人工养殖的肉用活猪。

3.2 兽药 veterinary drug

用于预防、治疗和诊断畜禽等动物的疾病，有目的地调节其生理机能并规定作用、用途、用法、用量的物质(含饲料药物添加剂)。

包括兽用生物制品、兽用药品(化学药品、中药、抗生素、生化药品、放射性药品)。

3.2.1　抗菌药 antibacterial drugs

能够抑制或杀灭病原菌的药物,其中包括中药材、中成药、化学药品、抗生素及其制剂。

3.2.2　抗寄生虫药 antiparasitic drug

能够杀灭或驱除体内、体外寄生虫的药物,其中包括中药材、中成药、化学药品、抗生素及其制剂。

3.2.3　疫苗 vaccine

由特定细菌、病毒、立克次氏体、螺旋体、支原体等微生物以及寄生虫制成的主动免疫制品。

3.2.4　消毒防腐药 disinfectant and preservative

用于杀灭环境中的病原微生物、防止疾病发生和传染的药物。

3.2.5　饲料药物添加剂 medicated feed aaditive

为预防、治疗动物疾病而掺入载体或者稀释剂的兽约的预混物,包括抗球虫药类、驱虫剂类、抑菌促生长类等。

3.4　休药期 withdrawalperiod

食品动物从停止给药到许可屠宰或它们的产品(乳、蛋)许可上市的间隔时间。

4　使用准则

生猪饲养者应供给动物适度的营养,饲养环境应符合 NY/T 388 的要求,加强饲养管理,采取各种措施以减少应激,增强动物自身的免疫力。生猪饲养使用饲料应符合 NY 5032 的规定。生猪疾病以预防为主,应严格按《中华人民共和国动物防疫法》的规定防止生猪发病死亡。必要时进行预防、治疗和诊断疾病所用的兽药必须符合《中华人民共和国兽药典》、《中华人民共和国兽药规范》、《兽药质量标准》、《兽用生物制品质量标准》、《进口兽药质量标准》和《饲料药物添加剂使用规范》的相关规定。所用兽药必须来自具有“兽药生产许可证”和产品批准文号的生产企业，或者具有“进口兽药许可证”的供应商。所用兽药的标签应符合《兽药管理条例》的规定。使用兽药时还应遵循以下原则：

4.1 允许使用消毒防腐剂对饲养环境、厩舍和器具进行消毒，但应符合 NY/T 5033 的规定。

4.2 优先使用疫苗预防动物疾病，但应使用符合《兽用生物制品质量标准》要求的疫苗对生猪进行免疫接种，同时应符合 NY 5031 的规定。

4.3 允许使用《中华人民共和国兽药典》一部及《中华人民共和国兽药规范》二部收载的用于生猪的兽药用中药材、中药成方制剂。

4.4 允许在临床兽医的指导下使用钙、磷、硒、钾等补充药、微生态制剂、酸碱平衡药、体液补充药、电解质补充药、营养药、血容量补充药、抗贫血药、维生素类药、吸附药、泻药、润滑剂、酸化剂、局部止血药、收敛药和助消化药。

4.5 慎重使用经农业部批准的拟肾上腺素药、平喘药、抗(拟)胆碱药、肾上腺皮质激素类药和解热镇痛药。

4.6 禁止使用麻醉药、镇痛药、镇静药、中枢兴奋药、化学保定药及骨骼肌松弛药。

4.7 允许使用附录 A 中的抗菌药和抗寄生虫药，其中治疗药应凭兽医处方购买，还应注意以下几点：

4.7.1 严格遵守规定的用法与用量。

4.7.2 休药期应遵守附录 A 中规定的时间。附录中未规定休药期的品种，休药期不应少于 28 d。

4.8 建立并保存免疫程序记录；建立并保存全部用药的记录，治疗用药记录包括生猪编号、发病时间及症状、治疗用药物名称(商品名及有效成分)、给药途径、给药剂量、疗程、治疗时间等；预防或促生长混饲给药记录包括药品名称(商品名及有效成分)、给药剂量、疗程等。

4.9 禁止使用未经国家畜牧兽医行政管理部门批准的用基因工程方法生产的兽药。

4.10 禁止使用未经农业部批准或已经淘汰的兽药。

附录 A 饲养允许使用的抗寄生虫药和抗菌药及使用规定

类别和名称	制剂	用法与用量	休药期(d)
抗寄生虫药			
阿苯达 albendazole	片剂	内服,一次量,5～10 mg	
双甲脒 amitraz	溶液	药浴、喷洒、涂擦,配成 0.025%～0.05%的溶液	7
硫双二氯酚 bithionole	片剂	内服,一次量,75～100 mg/kg 体重	
非班太尔 febantel	片剂	内服,一次量,5 mg/kg 体重	14
芬苯达唑 fenbendazole	粉片剂	内服,一次量,5～7.5 mg/kg 体重	0
氰戊菊酯 fenvalerate	溶液	喷雾,加水以 1∶(1 000～2 000)倍稀释	
氟苯咪唑 flubendazole	预混剂	混饲,每 1 000 kg 饲料,30 g,连用 5～10 d	14
伊维菌素 ivermectin	注射液	皮下注射,一次量,0.3 mg/kg 体重	18
	预混剂	混饲,每 1 000 kg 饲料 330 g,连用 7 d	5
盐酸左旋咪唑	片剂	内服,一次量,7.5 mg/kg 体重	3
levamisole hydrochloride	注射液	皮下、肌肉注射,一次量,7.5 mg/kg 体重	28
奥芬达唑 oxfendazole	片剂	内服,一次量,4 mg/kg 体重	
丙氧苯咪唑 oxibendazole	片剂	内服,一次量,10 mg/kg 体重	14
枸橼酸哌嗪 piperazine citrate	片剂	内服,一次量,0.25～0.3 g/kg 体重	21
磷酸哌嗪 piperazine phosphate	片剂	内服,一次量,0.2～0.25 g/kg 体重	21
吡喹酮 praziquantel	片剂	内服,一次量,10～35 g/kg 体重	
盐酸噻咪唑 tetramisole hydrochloride	片剂	内服,一次量,10～15 g/kg 体重	3

续表附录 A

类别和名称	制剂	用法与用量	休药期(d)
抗菌药			
氨苄西林钠 ampicillin sodium	注射用粉针	肌肉、静脉注射，一次量，10～20 mg/kg 体重，一日 2～3 次，连用 2～3 d	
	注射液	皮下或肌肉注射，一次量，5～7 mg/kg 体重	15
硫酸安普(阿普拉)霉素 apramycin sulfate	预混剂	混饲，每 1 000 kg 饲料，80～100 g，连用 7 d	21
	可溶性粉	混饮，每 1 L 水 12.5 mg/kg 体重，连用 7 d	21
阿美拉霉素 avilamycin	预混剂	混饲，每 1 000 kg 饲料，0～4 月龄，20～40 g；4～6 月龄，10～20 g	0
杆菌肽锌 bacitracin zinc	预混剂	混饲，每 1 000 kg，4 月龄以下，4～10 g	0
杆菌肽锌、硫酸黏杆菌素 bacitrcin zinc and colistin sul-fate	预混剂	混饲，每 1 000 kg，4 月龄以下，2～20 g，2 月龄以下，2～40 g	7
苄星青霉素 benzathine benzyl penicillin	注射用粉针	肌肉注射，一次量，每 1 kg 体重，3 万～4 万国际单位	
青霉素钠(钾) benzylpenicillin sodium(potassi-um)	注射液	肌肉注射，一次量，每 1 kg 体重，2 万～3 万国际单位	
硫酸小檗碱 berberine sulfate	注射液	肌肉注射，一次量，50～100 mg	
头孢噻呋钠 ceftiofur sodium	注射用粉针	肌肉注射，一次量，3～5 mg/kg 体重，每日 1 次，连用 3 d	
硫酸黏杆菌素 colistin sulfate	预混剂	混饲，每 1 000 kg 饲料，仔猪 2～20 g	7
	可溶性粉剂	混饮，每 1 L 水 40～200 mg	7
甲磺酸达氟沙星 danofloxacin mesylate	注射液	肌肉注射，一次量，1.25～2.5 mg/kg 体重，一日 1 次，连用 3 d	25
越霉素 A destomycine A	预混剂	混饲，每 1 000 kg 饲料 5～10 g	15

续表附录 A

类别和名称	制剂	用法与用量	休药期(d)
抗菌药			
盐酸二氟沙星 diflxacin hydrochloride	注射液	肌肉注射,一次量,5 mg/kg 体重,一日 2 次,连用 3 d	45
盐酸多西环素 doxycycline hyclate	片剂	内服,一次量,3～5 mg,一日 1 次,连用 3～5 d	
恩诺沙星 enrofloxacin	注射液	肌肉注射,一次量,2.5 mg/kg 体重,一日 1～2 次,连用 2～3 d	10
恩拉霉素 enramycin	预混剂	混饲,每 1 000 kg 饲料 2.5～20 g	7
乳糖酸红霉素 erythromiycin Lactobionate	注射用粉针	静脉注射,一次量,3～5 mg,一日 2 次,连用 2～3 d	
黄霉素 flavomycin	预混剂	混饲,每 1 000 kg 饲料,生长、肥育猪 5 g,仔猪 10～25 g	0
氟苯尼考 florfenicol	注射液	肌肉注射,一次量,20 mg/kg 体重,每隔 48 h 一次,连用 2 次	30
	粉剂	内服,20～30 mg/kg 体重,一日 2 次,连用 3～5 d	30
氟甲喹 flumequine Soluble	可溶性粉剂	内服,一次量,5～10 mg/kg 体重,首次量加倍,一日 2 次,连用 3～4 d	
硫酸庆大霉素 gentamycin-micronomicin sul-fate	注射液	肌肉注射,一次量,2～4 mg/kg 体重	40
硫酸庆大-小诺霉素 gentamycin-micronomicin sulfate	注射液	肌肉注射,一次量,1～2 mg/kg 体重,一日 2 次	
潮霉素 B hrgromycin B	预混剂	混饲,每 1 000 kg 饲料 10～13 g,连用8 周	15
硫酸卡那霉素 kanamycin sulfate	注射用粉针	肌肉注射,一次量,10～15 mg,一日 2 次,连用 2～3 d	
北里霉素 kitasamycine	片剂	内服,一次量,20～30 mg/kg 体重,一日 1～2 次	
	预混剂	混饲,每 1 000 kg 饲料,防治,80～330 g;促生长,5～55 g	7

续表附录 A

类别和名称	制剂	用法与用量	休药期(d)
抗菌药			
酒石酸北里霉素 kitasamycine tartrate	可溶性粉剂	混饮，每 1 L 水 100～200 mg，连用 1～5 次	7
	片剂	内服，一次量，10～15 mg/kg 体重，一日 1～2 次，连用 3～5 次	1
盐酸林可霉素 lincomycin hydrochloride	注射液	肌肉注射，一次量，10 mg/kg 体重，一日 2 次，连用 3～5 d	2
	预混剂	混饲，每 1 000 kg 饲料 44～77 g，连用 7～21 d	5
盐酸林可霉素、硫酸壮观霉素	可溶性粉剂	混饮，每 1 L 水 10 mg/kg 体重	5
lincomycin hydrochloride and Spectinomycin	预混剂	混饲，每 1 000 kg 饲料 44 g，连用 7～21 d	5
博落回 macleayae	注射液	肌肉注射，一次量，体重 10 kg 以下，10～25 mg，体重 10～50 kg，25～50 mg，一日 2～3 次	
乙酰甲喹 mequindox	片剂	内服，一次量，5～10 mg/kg 体重	
硫酸新霉素 neomycin sulfate premix	预混剂	混饲，每 1 000 kg 饲料 77～154 g，连用 3～5 d	3
硫酸新菌素、甲溴东莨菪碱 neomycin sulfate and methlsopolamine bromide	溶液剂	内服，一次量，体重 7 kg 以下 1 mL(按泵 1 次)，体重 7～10 kg 2 mL(按泵 2 次)	3
呋喃妥因 nitrofurantoine	片剂	内服，一日量，12～15 mg/kg 体重，分 2～3 次	
喹乙醇 olaquindox	预混剂	混饲，每 1 000 kg 饲料 1 000～2 000 g，体重超过 35 kg 的禁用	35

续表附录 A

类别和名称	制剂	用法与用量	休药期(d)
抗菌药			
牛至油 oregano oil	溶液剂	内服,预防,2～3 日龄,每头 50 mg,8 h 后重复给药一次;治疗,10 kg 以下每头 50 mg,10 kg 以上,每头 100 mg,用药后 7～8 h 腹泻仍未停止时,重复给药一次	
	预混剂	混饲,1 000 kg 饲料,预防,1.25～1.75 g,治疗,2.5～3.25 g	
苯唑西林钠 oxacillin sodium	注射用粉针	肌肉注射,一次量,5～10 mg/kg 体重,一日 2 次,连用 2～3 d	
土霉素 oxytetracycline	片剂	口服,一次量,10～25 mg/kg 体重,1 日 2～3 次,连用 3～5 d	5
	注射液(长效)	肌肉注射,一次量,10～20 mg/kg 体重	28
盐酸土霉素 oxytetracycline hydrochloride	注射用粉针	静脉注射,一次量,5～10 mg/kg 体重,一日 2 次,连用 2～3 d	26
普鲁卡因青霉素 procaine benzylpenicillin	注射用粉针	肌肉注射,一次量,2 万～3 万国际单位,一日 1 次,连用 2～3 d	6
	注射液	同上	6
盐霉素钠 salinomycin sodium	预混剂	混饲,每 1 000 kg 饲料 25～75 g	5
盐酸沙拉沙星 sarafloxacin hydrochloride	注射液	肌肉注射,一次量,2.5～5 mg/kg 体重,一日 2 次,连用 3～5 d	
赛地卡霉素 sedcamycin	预混剂	混饲,每 1 000 kg 饲料 75 g,连用 15 d	1
硫酸链霉素 streptomycin sulfate	注射用粉针	肌肉注射,一次量,10～15 mg/kg 体重,一日 2 次,连用 2～3 d	
磺胺二甲嘧啶钠 sulfasimidine sodium	注射液	静脉注射,一次量,50～100 mg/kg 体重,一日 1～2 次,连用 2～3 d	7

续表附录 A

类别和名称	制剂	用法与用量	休药期(d)
抗菌药			
复方磺胺甲噁唑片 compound sulfamethoxazole tablets	片剂	内服，一次量，首次量 20～25 mg/kg 体重(以磺胺甲噁唑计)，一日 2 次，连用 3～5 d	
磺胺对甲氧嘧啶 sulfamethoxydiazine	片剂	内服，一次量，50～100 mg，维持量，25～50 mg，一日 1～2 次，连用 3～5 d	
磺胺对甲氧嘧啶、二甲氧苄氨嘧啶片 sulfamethoxydiazine and diaveridin Tablets	片剂	内服，一次量，20～25 mg/kg 体重(以磺胺对甲氧嘧啶计)，每 12 h 一次	
复方磺胺对甲氧嘧啶片 compound sulfamethoxydiazine tablets	片剂	内服，一次量，20～25 mg(以磺胺对甲氧嘧啶计)，一日 1～2 次，连用 3～5 d	
复方磺胺对甲氧嘧啶钠注射液 compound sulfamethoxydiazine sodium injection	注射液	肌肉注射，一次量，15～20 mg/kg 体重(以磺胺对甲氧嘧啶钠计)，一日 1～2 次，连用 2～3 d	
磺胺间甲氧嘧啶 sulfamonomethoxine	片剂	内服，一次量，首次量，50～100 mg，维持量 25～50 mg，一日 1～2 次，连用3～5 d	
磺胺间甲氧嘧啶钠 sulfamonomethoxine sodium	注射液	静脉注射，一次量，50 mg/kg 体重，一日 1～2 次，连用 2～3 d	
磺胺脒 sulfaguanidine	片剂	内服，一次量，0.1～0.2 g/kg 体重，一日 2 次，连用 2～3 d	
磺胺嘧啶 sulfadiazine	片剂	内服，一次量，首次量 0.14～0.2 g/kg 体重，维持量 0.07～0.1 g/kg 体重，一日 2 次，连用 3～5 d	
	注射液	静脉注射，一次量，0.05～0.1 g/kg 体重，一日 1～2 次，连用 2～3 d	

续表附录 A

类别和名称	制剂	用法与用量	休药期(d)
抗菌药			
复方磺胺嘧啶钠注射液 compound sulfadiazine sodium injection	注射液	肌肉注射，一次量，20～30 mg/kg 体重(以磺胺嘧啶计)，一日 1～2 次，连用2～3 d	
复方磺胺嘧啶预混剂 compound sulfadiazine premix	预混剂	混饲，一次量，15～30 mg/kg 体重，连用 5 d	5
磺胺噻唑 sulfathiazole	片剂	内服，一次量，首次量 0.14～0.2 g/kg 体重，维持量 0.07～0.1 g/kg 体重，一日 2～3 次，连用 3～5 d	
磺胺噻唑钠 sulfathiazole sodium	注射液	静脉注射，一次量 0.05～0.1 g/kg 体重，一日 2 次，连用 2～3 d	
复方磺胺氯哒嗪钠粉 compound sulfachlor pyridazine sodium powder	粉剂	内服，一次量，20 mg/kg 体重(以磺胺氯哒嗪钠计)，连用 5～10 d	3
盐酸四环素 tetracycline hydrochloride	注射用粉针	静脉注射，一次量 5～10 mg/kg 体重，一日 2 次，连用 2～3 d	
甲砜霉素 thiamphenicol	片剂	内服，一次量，5～10 mg/kg 体重，一日 2 次，连用 2～3 d	
延胡索酸泰妙菌素 tiamulin fumarate	可溶性粉剂	混饮，每 1 L 水 45～60 mg，连用 5 d	7
	预混剂	混饲，每 1 000 kg 饲料 40～100 g，连用 5～10 d	5
磷酸替米考星 tilmicosin phosphate premix	预混剂	混饲，每 1 000 kg 饲料 400 g，连用 15 d	14
泰乐菌素 tylosin	注射液	肌肉注射，一次量，5～13 mg/kg 体重，一日 2 次，连用 7 d	14
磷酸泰乐菌素 tylosin phosphate	预混剂	混饲，每 1 000 kg 饲料 10～100 g，连用 5～7 d	5

续表附录 A

类别和名称	制剂	用法与用量	休药期(d)
抗菌药			
磷酸泰乐菌素、磺胺二甲嘧啶预混剂 tylosin phosphate sulfamethazine premix	预混剂	混饲,每1 000 kg饲料200 g(100 g泰乐菌素＋100 g磺胺二甲嘧啶),连用5～7 d	15
维吉尼亚霉素 virgininmycin	预混剂	混饲,每1 000 kg饲料10～25 g	1

参考文献

[1] 段城中.规模化养猪新技术.北京:中国农业出版社,2000.

[2] 甘孟侯,高齐瑜,等.猪病诊治彩色图说.北京:中国农业出版社,2000.

[3] 黄伟坚,李德富.猪病诊治彩色图解.西宁:广西科学技术出版社,2002.

[4] 许民强.实用养殖技术(养猪卷).北京:中国农业出版社,1999.

[5] 张贵林.养猪致富诀窍.北京:中国农业出版社,2007.

[6] 王子轼,杨廷桂.专业户养猪手册.北京:中国农业出版社,2003.

[7] 吕志强.养猪手册.石家庄:河北科技技术出版社,2006.

[8] 邓国华,贾永清,李一经.新编养猪实用技术.北京:中国农业出版社,2004.

[9] 程德君,于振洋.规模化养猪生产技术问答.北京:中国农业大学出版社,2003.

[10]黄维廷,王凤英.家庭养猪指南.北京:中国农业大学出版社,2003.

[11]杨在宾,李祥明.猪的营养与饲料.北京:中国农业大学出版社,2004.

[12]程德君,等.仔猪培育技术指南.北京:中国农业大学出版社,2004.

[13]钟艳铃,张铁闯,逯纪成.养猪场生产技术问答.北京:中国农业大学出版社,2003.

[14]周元军,田夫林.猪病防制技术问答.北京:中国农业大学出版社,2004.

[15]路兴中,等.现代猪肉生产理论与实践.北京:中国农业科学技术出版社,1994.

[16]俞家宝,柯炳生.猪肉、蔬菜市场改革研究.北京:中国科学技术出版社,1992.

[17]李慧文,等.猪肉制品 589 例.北京:科学技术文献出版社,2002.

[18]英国农业渔业食品部.猪舍建筑.傅立志译.北京:中国建筑工业出版社,1982.

[19]陈润生.猪生产学.北京:中国农业出版社,1995.

[20]杨公社.猪生产学.北京:中国农业出版社,2002.

[21]王照福,曾昭光.猪饲养管理与疾病防治技术.北京:中国农业大学出版

社,2003.
[22](美) 国家研究委员会.猪营养需要.谯仁彦,郑春田,姜建阳,等译.北京:中国农业大学出版社,1998.
[23]李德发.猪营养研究进展.北京:中国农业大学出版社,1999.
[24]哲田森夫.猪的饲养与管理.叶达仁译.香港:东亚图书公司,1981.
[25]韩正康,毛鑫智.猪的消化生理.北京:科学出版社,1977.
[26]甘孟侯.猪的常见病防治.北京:北京出版社,1981.
[27](美)列曼.猪的肠道疾病.何明清等编译.成都:四川科学技术出版社,1987.
[28]郑世军,杨汉春.猪病免疫与防治技术.北京:中国农业大学出版社,1995.
[29](美)A·D·莱曼.猪病学.刘文军等主译.北京:中国农业大学出版社,1990.
[30]宣长和,王亚军,邵世义,等.猪病诊断彩色图谱与防治.北京:中国农业科学技术出版社,2005.
[31]李文刚,甘孟侯.猪病诊断与防治.北京:中国农业大学出版社,2002.
[32]赵德明.猪病诊断与防治手册.北京:中国农业大学出版社,1996.
[33]蔡宝祥,郑明球.猪病诊断和防治手册.上海:上海科学技术出版社,1997.
[34]朱宽佑,潘琦.养猪生产.北京:中国农业大学出版社,2007.
[35]李德发.猪的营养.北京:中国农业科学技术出版社,2003.
[36]张汀,易本驰.科学高效养猪指南.郑州:河南科学技术出版社,2006.